国家级实验教学示范中心工程创新实践课程系列教材

产品创新设计思维与方法

缪莹莹 孙辛欣 主编

国防工业出版社

·北京·

内容简介

本书以培养学生创新意识、启发创新思维、锻炼创新能力为目标,对创新的内涵、产品创新设计的概念及类型进行介绍;结合实践案例,重点对创新思维的形式与方法进行系统阐述。在此基础上,本书还对产品开发设计流程与方法的全过程进行讲解,并编写了学生创新训练的实践案例。

本书可作为普通高等院校、成人教育院校和高职高专院校的工业设计、产品设计、机械工程、工业工程等相关专业的教材,也可以作为产品设计人员、工程技术开发人员的参考书。

图书在版编目(CIP)数据

产品创新设计思维与方法/缪莹莹,孙辛欣主编.
—北京:国防工业出版社,2017.5(2023.8重印)
ISBN 978-7-118-11296-2

Ⅰ.①产… Ⅱ.①缪… ②孙… Ⅲ.①产品设计
Ⅳ.①TB472

中国版本图书馆 CIP 数据核字(2017)第 085213 号

※

*国防工业出版社*出版发行
(北京市海淀区紫竹院南路23号　邮政编码100048)
雅迪云印(天津)科技有限公司印刷
新华书店经售

*

开本 787×1092　1/16　印张 9　字数 198 千字
2023 年 8 月第 1 版第 3 次印刷　印数 5001—7000 册　定价 39.80 元

(本书如有印装错误,我社负责调换)

国防书店:(010)88540777　　书店传真:(010)88540776
发行业务:(010)88540717　　发行传真:(010)88540762

前 言

创新设计的本质是创新思维,可以说它是人类思维中最亮丽的花朵、最理想的成果。如何在产品设计中,找到创新设计的突破口并运用有效的方法进行设计,需要掌握一定的思维方法。产品创新设计教育的目的在于引导学生打破创造的神秘感,掌握创新思维方法并应用于设计实践。

本书根据重实践、重综合、各学科之间有机融合的需求来编写教学内容,旨在培养学生的创新思维,发挥学生的创造性。本书将创新设计、工业设计、工程设计的内容与方法相结合,从创新思维的角度分析产品创新设计的方法。全书介绍了创新的内涵、产品创新设计的类型、创新思维的内容与设计方法、产品设计流程等内容,图文结合,案例新颖、生动,文字叙述力求简明。

本书共分 6 章,由南京理工大学组织编写。第 1 章由缪莹莹编写;第 2 章由缪莹莹、孙辛欣共同编写;第 3 章由孙辛欣编写;第 4 章、第 5 章由缪莹莹编写;第 6 章由孙辛欣编写。

特别感谢张锡教授、姜斌教授、曾山教授及研究生郑凯达的大力协助。

由于编者水平有限,难免存在不足之处,敬请读者批评指正。

作 者
2016 年 10 月

目　　录

第1章　绪论 ··· 1

　1.1　创新 ·· 1

　　1.1.1　创新与社会进步 ··· 1

　　1.1.2　创新的类型 ·· 2

　1.2　创造性思维 ·· 3

　　1.2.1　创造性思维的概念 ·· 3

　　1.2.2　创造性思维的特点 ·· 3

　　1.2.3　创造性思维的训练 ·· 4

　　1.2.4　创造性思维的能力表现 ·· 5

　1.3　创新型人才的培养 ··· 6

　　1.3.1　创新型人才的知识结构 ·· 6

　　1.3.2　创新型人才的品质 ·· 7

　　1.3.3　创新型人才的培养方法 ·· 8

第2章　产品创新设计 ·· 10

　2.1　产品创新设计的概念 ·· 10

　2.2　产品创新设计的类型 ·· 11

　　2.2.1　改进型设计 ··· 11

　　2.2.2　创新型设计 ··· 12

　　2.2.3　概念型设计 ··· 13

　2.3　产品创新设计的意义 ·· 15

　　2.3.1　对社会的意义 ·· 15

　　2.3.2　对企业的意义 ·· 16

　　2.3.3　对用户的意义 ·· 17

第3章　创新设计思维 ·· 19

　3.1　创新思维形式 ·· 19

　　3.1.1　科学思维与艺术思维 ··· 19

　　3.1.2　抽象思维和形象思维 ··· 20

　　3.1.3　理性思维与感性思维 ··· 20

　　3.1.4　发散思维与收敛思维 ··· 21

3.2 创新思维分类 22
3.2.1 列举创新 22
3.2.2 组合创新 31
3.2.3 仿生创新 35
3.2.4 联想创新 43
3.2.5 逆反创新 45
3.2.6 类比创新 47
3.2.7 换位思维 48
3.2.8 系统思维创新 51

第4章 创新思维方法 54
4.1 头脑风暴法 54
4.1.1 头脑风暴法的概念 54
4.1.2 头脑风暴法的基本流程 55
4.1.3 头脑风暴应遵循的原则 56
4.1.4 整理分析 56
4.1.5 质疑头脑风暴法 57
4.1.6 案例 57
4.2 思维导图法 58
4.2.1 思维导图的定义 58
4.2.2 思维导图绘制方法 58
4.2.3 思维导图常用软件 59
4.2.4 案例 61
4.3 SET因素分析法 62
4.3.1 SET因素的概念 62
4.3.2 案例 64
4.4 设问法 66
4.4.1 5w2h法 66
4.4.2 奥斯本设问法 67
4.4.3 和田十二法 68
4.4.4 案例 69
4.5 TRIZ理论 70
4.5.1 TRIZ理论的起源 70
4.5.2 TRIZ理论的优势 71
4.5.3 TRIZ理论的内容 71
4.5.4 发明创造原理 72
4.5.5 案例 76

第5章 产品开发设计流程与方法 78

5.1 设计研究 79
5.1.1 市场研究 79
5.1.2 现有产品研究 81
5.1.3 用户研究 83
5.1.4 人机工程研究 86

5.2 概念开发 91
5.2.1 概念草图 91
5.2.2 概念模型 97
5.2.3 透视图 99

5.3 设计开发 100
5.3.1 数据模型 100
5.3.2 实物模型 101

5.4 专利知识 104
5.4.1 专利的定义 104
5.4.2 专利的作用 105
5.4.3 专利的特点 106
5.4.4 专利检索 106
5.4.5 如何申请专利 107
5.4.6 专利规避 109

第6章 创新训练案例 111

6.1 造型创新设计训练 111
6.2 功能创新设计训练 119
6.3 产品CMF创新设计训练 124
6.4 综合创新设计训练 129

参考文献 135

第1章 绪　　论

【教学基本要求】

1. 了解创新和社会进步的关系、创新的类型。
2. 了解创造性思维的概念、特点,创造性思维能力的表现。
3. 了解创新型人才应具备的知识结构、品质。

1.1　创新

1.1.1　创新与社会进步

创新是指人类为了发展的需要,运用已知的知识、经验、技能,不断突破常规,发现或产生某种新颖、独特、有社会价值或个人价值的新事物、新思想、新成果,解决新问题,满足人类物质及精神生活需求的活动。创新活动是人类的各种实践活动中最复杂、最高级的,是人类智力水平高度发展的表现。

创新的本质是"突破",即突破旧的思维定势、旧的常规戒律。创新活动的核心是"新",它可以是产品的结构、性能和外部特征的变革,或者是造型设计、内容的表现形式或手段的创造,或者是内容的丰富和完善,或者是生产流程和商业模式的重新再造,或者是企业战略转型的模式,甚至是社会责任的转变等。

创新是人类社会文明进步的原动力,人类社会的每一点进步都是创新的产物。人类通过创新,创造了生产工具,创立了现代的生产方式,提高了生产力,增强了人类按照自然规律适应自然、改造自然的能力,使人类在自然界中获得了更大的自由。

创新是科学技术发展的原动力,人类通过创新创立了现代科学的理论体系,使人类深化了对世界本质及其规律的认识。

创新是社会经济发展的原动力,人类通过创新建立了现代的社会制度,为人类社会的可持续发展提供了更广阔的空间。当今世界各国之间在政治、经济、军事和科学技术方面的激烈竞争,实质上是人才的竞争,是人才创新能力的竞争。

中华民族是富于创造性的民族,中华民族的祖先创造了灿烂的中华文明,为人类的文明做出了突出的贡献。我国古代除创造了指南针、火药、印刷术和造纸术四大发明以外,在机械设计方面也有很多成果,如指南车、农业机械、水利机械、兵器等设计在当时都远远领先于世界水平。在农业、航运、石油生产、气象观测领域的很多技术,十进制计算以及纸币、火箭等的原始设计也都源于我国。

新中国成立后,我国的科技人员在国家经济很困难的条件下,独立研制"两弹一星",建造了高能粒子加速器,开发了多个大油田,中国人研制的超级水稻为解决世界粮食短缺问题做出了卓越贡献。

今天,我国的科学技术人员正凭着高度的自信心和民族自豪感,发挥中华民族的聪明才智,发扬勇于创新的优良传统,为中华民族的和平崛起贡献力量。

可见,创新能力对一个国家、一个民族的存在和发展具有极其重要的意义。在这种创新浪潮中,一个民族如果不能通过创新使自己不断发展、进步,就不可避免地会被历史的潮流所淘汰。

1.1.2 创新的类型

创新有四大类型,即变革创新、产品创新、市场创新和运营创新。

1. 变革创新

变革创新一般是划时代的标志,对社会、国家产生巨大影响。例如,蒸汽机的发明将手工作坊式生产方式转变为机械化的大批量生产方式,标志着农耕文明向工业文明的过渡,也就是"工业1.0"所开创的"蒸汽时代"(1760—1840年),这是人类发展史上的一个伟大奇迹。第二次工业革命进入了"电气时代"(1840—1950年),石油成为新能源,使电力、钢铁、铁路、化工、汽车等重工业兴起,并促使交通的迅速发展,世界各国的交流更为频繁,逐渐形成一个全球化的国际政治、经济体系。电子计算机的发明开始了第三次工业革命,开创了"信息时代"(1950年至今),全球信息和资源交流变得更为迅速,大多数国家和地区都被卷入到全球化进程,世界政治经济格局进一步确立,人类文明的发达程度也达到空前的高度。第四次工业革命("工业革命4.0")是"信息物理系统"的出现,物联网将机器与机器、人与机器、计算机互联网与人之间相互连接,人人可以定制产品或服务,利用移动设备,不需要现场工作或者办公就可以远程控制智能工厂、智能设备、智能交通、智能生活等。

2. 产品创新

产品创新是针对企业的产品技术研发活动而言的,是从客户的角度发现客户的潜在需求,寻求新的产品或者发现老产品的问题,研究客户的投诉、客户的真正需求,从而进行产品创新。人们对创新的最朴实的意识是产品创新,所以才有了以产品设计创新的IDEO公司,才有了产品创新的TRIZ方法论。

3. 市场创新

如何在产品之外进行创新?近年来,随着互联网、物联网的崛起,市场创新越来越被重视,像亚马逊、百度以及其他电子商务就是这样的产物。市场创新一般是针对企业而言的,是企业为了开辟新的市场或扩大市场份额而产生的创新模式。例如,电子商务使得营销模式发生了巨大的变化,特别是"线上线下"的互动(O2O)给企业带来了巨大的销售机会,开辟了新的销售市场。

4. 运营创新

运营创新是对企业内部的流程、规范、规章制度等进行变革。例如,医院由以部门为中心的流程,改造成为以病人为中心的流程。原来病人需要先挂号,再去看医生;如果需要透视、化验,就需要先划价,再交费,才能进行透视;等到化验结果出来,再拿着化验结果去看医生。现在的医院对流程进行了改造,利用计算机、互联网、物联网技术,只要医生开完化验单,就不需要再进行划价,甚至连交钱都可以在医生旁边的POS机上或者扫二码完成。这样病人就不需要不停地办手续,而由计算机来完成医院内部的流程。

1.2 创造性思维

1.2.1 创造性思维的概念

"思维"是人脑对客观事物间接和概括的反映,它既能反映客观世界,又能反作用于客观世界。"思维"是人类智力活动的主要表现方式,是精神、化学、物理、生物现象的混合物。"思维"通常是指两个方面,一方面是指理性认识,即"思想";另一方面是指理性认识的过程,即"思考"。思维有再现性、逻辑性和创造性。它主要包括抽象思维与形象思维两大类。

"创造性思维"又称为"变革型思维",是反映事物本质和内在、外在有机联系,具有新颖的广义模式的一种可以物化的思维活动。创造性思维不是单一的思维形式,而是以各种智力与非智力因素为基础,在创造活动中表现出来并具有独创的、产生新成果的高级且复杂的思维活动,是整个创造活动的实质和核心。

创造性思维的物质基础在于人的大脑。现代科学证明,人脑的左半球擅长抽象思维、分析、数学、语言、意识活动;右半球擅长幻想、想象、色觉、音乐、韵律等形象思维和辨认、情绪活动。但人脑的左、右两半球并非截然分开,两半球之间有2亿条左右的神经纤维相连,形成一个网状结构的神经纤维组织。通过此组织,大脑的额前中枢得以与大脑左、右半球及其他部分紧密相连,接收与处理人脑各区域已经加工过的信息,使创造性思维成为可能。

创造性思维的实质,表现为"选择""突破""重新建构"三者的关联与统一。所谓选择,就是找资料、调研、充分思索,让各方面的问题都充分考虑到,并从中去粗取精、去伪存真,特别强调有意识的选择。所以,选择是创造性思维得以展开的第一个要素,也是创造性思维各个环节上的制约因素。选题、选材、选方案等均属此。在创造性思维进程中,绝不去盲目选择,目标在于突破和创新。思维的突破往往表现为从"逻辑的中断"到"思想上的飞跃",孕育出新观点、新理论、新方案,使问题豁然开朗。选择、突破是重新建构的基础。创造性的新成果、新理论、新思想并不包括在现有的知识体系之中。所以,创造性思维最关键的是善于进行"重新建构",有效且及时地抓住新的本质,筑起新的思维。

1.2.2 创造性思维的特点

思维的物质性、逻辑性或非逻辑性等,是所有思维形式所共有的。创造性思维有其自身的特点,主要表现在以下5个方面。

1. 思维方向的多向、求异性

创造性思维的特点,首先表现在司空见惯、不认为有问题之处,但能找到问题,并加以解决。创造性思维表现为选题、结论等方面的标新立异,表现为对异常现象、细微末节之处的敏锐性。例如,哥白尼的最大成就是以日心说否定了统治西方长达一千多年的地心说;伽利略推翻了权威亚里士多德"物体落下的速度和重量成正比"的学说,创立了科学的自由落体定律。

2. 思维进程的突发、跨越性

创造性思维往往在时间、空间上产生突破、顿悟,正所谓"踏破铁鞋无觅处,得来全不费功夫""山穷水尽疑无路,柳暗花明又一村"。例如,门捷列夫就在快要上车去外地出差时,突然闪现了未来元素体系的思想。爱因斯坦在 1905 年连续发表 5 篇论文时年仅 26 岁,其中《光的量子概念》《布朗运动的理论》《狭义相对论》3 篇论,令许多一流科学家为之瞠目。由于爱因斯坦的理论、思想超越了当时人们的认知,甚至被嘲讽为"疯子说疯话"。然而,正是这种突发、跨越的思维,才是创造性思维中真正的可贵之处。

3. 思维效果的整体、综合性

思维效果的整体、综合性是创造性思维的根本。如果不在总体上抓住事物的规律、本质,预见事物的发展进程,则重新建构就失去意义。例如,卡尔·马克思首先分析商品社会里最基本、最常见的关系——商品交换,阐明了其经济理论的主要基石——剩余价值理论,从总体上把握了现代社会发展的原因。

4. 思维结构的广阔、灵活性

思维结构的灵活性是指迅速、容易地从一类对象转移到另一类内容相隔很远的对象的能力,即变更性。这是一种思维结构灵活多变、思路及时转换的品质,常表现为思路开阔、妙思泉涌。例如,问到回形针有何用途,有些人往往只想到别纸张、文件,而具有灵活思维结构的人,就会从众多的角度去考虑,如可做成订书的钉、做成通针、代替牙签、作挂钩、拼图案等。

思维结构的灵活性还表现为能克服"思维功能固定症",及时抛弃旧的思路,转向新的思路,及时放弃无效的方法而采用新方法。思维结构的灵活性,还表现为思维广阔性的特征。例如,达·芬奇是画家、建筑师、数学家;郭沫若是历史学家、文学家、考古学家、书法家、诗人、剧作家、社会活动家;钱学森在力学、火箭技术、系统工程、思维科学、技术美学等领域均有建树。

5. 思维表达的新颖、流畅性

思维表达的新颖、流畅性是对创新成果准确、有效、流畅的揭示和公开,并表达成新概念、新设计、新模型、新图式等。这是完成创造思维的最后且重要的一环。没有这一环节,再好的思维也不能转化为新的成果。物理学中"力""光""原子""分子"等的定义、模型,政治经济学中"商品"等的理论,无一不是准确、有效、流畅地将成果作了最好的概括与总结。

1.2.3 创造性思维的训练

从科学与实践的观点看,创造性并非只有天才有之,创造性人皆有之,即带有普遍性。思维也是一种可以后天训练培养的技能,通过训练能更有效地运用思维,发挥潜能。许多事实表明,设计创新成果,有时与设计、发明人原来从事的工作,与某一领域的专门经验关系不大。例如,最早的玉米收割机是一个演员发明的,最早的实用潜艇是在美国纽约工作的一位爱尔兰教师发明的,轮胎的发明人是一位兽医,水翼的发明者是一位牧师,影色胶卷的发明者是一位音乐家。

进行创造性思维训练主要有以下 4 个方面。

1. 敏锐的直觉思维

直觉往往蕴含着丰富的创造哲理、正确的洞察力。因此,要多观察、多思考,鼓励思维中的反常性、超前性;鼓励点点滴滴的直觉意识,不轻易否定、丢弃直觉。

2. 深刻的抽象思维

随着科学技术的发展,对客观事物本质的认识必然越来越深入,许多理论、概念、成果的内容超出了一般表象范围。所以,借助科学的概念、判断、推理来揭示事物本质的抽象思维必然日显重要。要发展抽象思维,必须丰富知识结构,掌握充分的思维素材,不断加强思维过程的严密性、逻辑性、全面性。

3. 广阔的联想思维

联想思维是把已掌握的知识、观察到的事物等与思维对象联系起来,从其相关性中获得启迪的思维方法,对促成创造活动的成功十分有用,如因果联想、接近联想、相似联想、需求联想、对比联想、推理联想、奇特联想等。一般来说,联想思维越广阔、越灵巧,创造性活动成功的可能性就越大。

4. 丰富的想象思维

丰富的想象思维是指在已有形象观念的基础上,通过大脑的加工改造来组织、建立新的结构,创造新形象的过程。想象力包括好奇、猜测、设想、幻想等。

1.2.4 创造性思维的能力表现

进行创造性思维的训练,可以提高探索性、运动性、选择性、综合性思维的能力。

1. 探索性思维能力

探索性思维能力体现在是否能对已知的结论、事实发生怀疑,是否敢于否定自己一向认为是正确的结论,是否能提出自己的新见解。只有"怀疑一切""寻根问底"的怀疑意识,什么事都问一个为什么,而不是"人云亦云",才能促进对新事物的探索。

银行小职员乔治·伊斯曼,出差时随身带着很重的照相机及玻璃平板底片。于是,他想:有没有更小型、轻便的照相方法呢?这一设想使他不能平静,一直探索下去。终于在1879年他发明了用于大量制造照相平板的涂布设备,接着又发明了软片,制成了风靡世界的小型柯达牌相机。

2. 运动性思维能力

运动性思维能力,就是打破思维功能固定症,使思维朝着正向、逆向、横向、纵向、主体方向自由运动。

1819年,奥斯特发现了磁效应;1820年,安培也发现通电的线圈产生磁场。根据安培的重大发现,法拉第由此而想:为什么电能生磁,那么磁能否生电?这种运动性思维能力帮助了他思索。经多年努力,终于在1831年法拉第发现了电磁感应现象,并由此原理制造出了发电机。

3. 选择性思维能力

在无限的创造性课题中,"选择"的功夫与技巧显得特别重要。学习、吸收什么知识,创新课题、理论假说、论证手段,方案构思等环节的鉴别、取舍,均需作出选择。因此,要养成分析、比较、鉴别的思维习惯。

现代遗传学奠基人孟德尔,在对遗传规律的探索过程中,选择了与前辈生物学家不同的方向。他不是考察生物的整体,而是着眼于个别性状。他对实验植物的选择也非常聪明且科学。他选择了具有稳定品种的自花授粉植物——豌豆,既容易栽培、逐一分离计数,也容易杂交,而且杂种可育。他又选择了数学统计法用于生物学研究。这些科学的选择,是他取得成功的关键。

4. 综合性思维能力

创造性思维可以说是大脑将接收到的信息综合起来,产生新信息的过程。为提高综合思维能力,应具备概括总结、把握全局、举一反三的综合能力。

1.3 创新型人才的培养

1.3.1 创新型人才的知识结构

古语说:人成于学,即要创造、要成才,首先要求知。因为知识是人们对客观事物的认识,是客观事物在人脑中的主观映像,是能力与智力的基础。一个人才能的大小,首先取决于知识的多寡、深浅和完善程度。尤其是现代信息社会,生产力、生产工具的加速发展,知识积累和更新十分迅速,科技成果转化为生产力的周期不断缩短,人们更需要学习,更需与外部世界进行丰富和多元的接触。

当然,才能不是知识的简单堆砌,应有一个合理的知识结构,还需对所学知识进行科学的选择、加工,创造性地加以运用。

创新型人才的知识结构如图1.3.1所示。

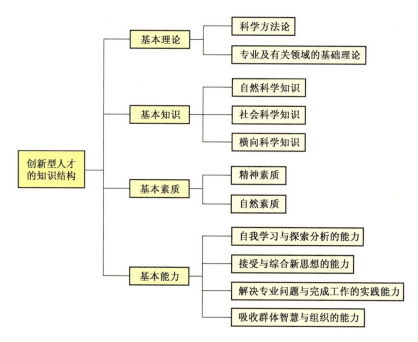

图1.3.1 创新型人才的知识结构

创新型人才的内在、外在素质与活动特征,大致表现为以下几方面。

(1) 准备并乐于接受新观念、新经验;接受社会变革,兴趣广泛、强烈好奇。

(2) 头脑开通、思路开阔、高度敏感,并富于弹性,不囿于传统,对各种意见与态度均有所理解。

(3) 能面对现实、预测未来、注意实践、认真探索,会有效地利用前人成果进行创新。

(4) 有较强的效率和价值意识,坚韧顽强、勤奋努力。

(5) 有远大理想和抱负,选准目标,坚定不移。

(6) 富有幻想,能大胆、独立地思考。

(7) 有普遍的信任感,重视人与人之间的关系。

总之,最佳的创新型人才的知识结构是博与专的统一,并取决于需解决的创造性课题的目的。

1.3.2 创新型人才的品质

法国作家、音乐学家、社会活动家罗曼·罗兰说过,"没有伟大的品格,就没有伟大的人,甚至也没有伟大的艺术家、伟大的行动者。"我们应该认识到:精神素质是创造型人才智能结构的核心。富有创造性的人,其品质可概括为以下几点。

1. 有创造意识和创造动机

创造意识和动机是从事创造活动的起点,主要来自4个不同层次:第一层来自好奇与不满足,即初生动机型;第二层来对事业的迷恋和进取,称为潜意识型,有时表现得较为隐蔽;第三层为意图型,来自竞争意识或荣誉感;第四层是创造动机中最深刻、最强烈作用的层次——信念型,来自事业心、责任感或理想。

1878年,20岁的狄塞尔还是慕尼黑理工学院的学生。当教授讲到蒸汽机的热效率仅为6%~12%时,他就立志于内燃机的研究。他利用能抽出的全部时间学习和研究热力学,终于在1893年制出了第一台内燃机样机,使热效率提高了35%。

2. 勇敢坚强,敢冒风险

卡尔·马克思说过,"在科学的入口处,正像在地狱的入口处一样,必须提出这样的要求:'这里必须拒绝一切犹豫,这里任何怯懦都无济于事。' 只有勇敢的人才能进入科学、艺术的殿堂。"

法国医学家巴斯德,为研究狂犬病的病因及防治,他与助手到处抓捕疯狗,一次次地试验:失败、再试验,并冒生命危险在自己身上作试验,终于制成了预防狂犬病的疫苗,挽救了无数人的生命。

3. 富有独立精神

高度的独立性,即对事物能大胆怀疑、不盲从、不人云亦云、不轻易附议他人、不受习惯势力的束缚。爱因斯坦正是因为对传统的绝对时空观的"同时性概念"发生怀疑,才走上了创立"狭义相对论"的创新之路,后来又发展成"广义相对论"。

4. 勤奋、自信、永不满足

自信是成功的第一个秘密。有了这一品质,只要有想法,就会有办法,就会锲而不舍地努力取得成功。居里夫人为了提炼纯镭,夜以继日地工作在一间有1t铀沥青残渣堆积的简陋小棚内,不顾身患肺结核、不畏酷暑严寒,用4年的时间得到微量的氯化镭,并测得了镭的原子量,证实了镭元素的存在。我国明朝的李时珍历经27载,到江苏、江西、安徽、湖南、广东等地,尝百草,博览医书,三易其稿,于1578年完成了52卷巨著:《本草纲目》。

该书收载了 1892 种药物、1126 幅附图、1 万多个药方,在世界科技史上占有重要地位。

5. 专心致志,一丝不苟

富有创造精神的人,都会用严峻的眼光审视一切事物,绝不放过任何疑点和含糊之处。我国魏晋时期的地图学家裴秀,在编制《禹贡地域图》时,对前人绘制的地图进行严格的审查和选择,并根据自己的实践进行了科学的修改,做出了前无古人的贡献,与古希腊学者托勒密,并称为古代世界地图史上的两颗明星。

6. 乐观、幽默

从事发明创造会十分艰苦。干前人未干过的事,少不了受到冷嘲热讽甚至排挤打击。因而,乐观幽默是创造者应有的品质。它是一种健康的心理标志,是灵活思维的兴奋剂和调节器。只有这样,才能始终充满朝气和希望。相反,自满、畏惧胆怯、不思上进、懒散倦怠、好高骛远、过于苛求而缺乏信心,性格刚愎自用、片面狭隘,兴趣狭窄、孤陋寡闻,轻信他人等人格,会对创造活动起到阻碍与压抑的作用,必须加以克服。

1.3.3 创新型人才的培养方法

传统的教育重视通过系统的灌输和训练使学生深入地掌握已有的知识体系,并能正确、熟练地运用。为了适应知识经济时代的要求,对大学生进行创新素质,即创造性思维与创造能力的培养,需要更新教育观念,全面规划培养的内容和方法,建立切实可行的培养模式。

1. 培养创新意识

创新活动是有目的的实践活动,创新实践起源于强烈的创新意识。强烈的创新意识促使人们在实践中积极地捕捉社会需求,选择先进的方法实现需求,在实践中努力克服来自各方面的困难,全力争取创新实践的成功。在社会实践中只要对现实抱有好奇心,善于观察事物,敢于发现存在于现实与需求之间的矛盾,就能找到创新实践活动的突破点。

我国著名教育家陶行知先生在《创造宣言》中提出,"处处是创造之地,天天是创造之时,人人是创造之人",鼓励人们破除对创新的神秘感,敢于走创新之路。创造学的理论和人类的创新实践都表明,每一个人都具有创新能力,人人都可以从事创造发明。使每一个人意识到自己是有创新能力的,这对提高全民族的创新意识和创新能力是非常重要的。

2. 提高创造力

创造力是人的心理特征和各种能力在创造活动中体现出来的综合能力。提高创造力应从培养良好的心理素质、了解创新思维的特点、养成良好的创新思维习惯、掌握创新原理和创新技法等方面入手。创造力受智力因素和非智力因素的影响。智力因素包括观察力、记忆力、想象力、思维能力、表达能力、自我控制能力等,是创造力的基础性因素;非智力因素包括理想、情感、兴趣、意志、性格等,是发挥创造力的动力和催化因素。通过对非智力因素的培养,可以更有效地调动人的主观能动性,对促进智力因素的发展起重要作用。

创新技法是以创造学原理、创新思维规律为基础,通过对大量成功创新实践的分析和总结得出的技巧和方法。了解并掌握这些创新技法对于提高创新实践活动的质量和效率,提高成功率具有很重要的促进作用。

实践表明,通过学习和有针对性的训练,可以激发人们从事创新活动的热情,提高人们的创造力。美国通用电气公司在20世纪40年代率先对员工开设创造工程课程,开展创新实践训练。通过学习和训练,员工的创新能力得到明显提高,专利申请的数量大幅度提升。

3. 加强创新实践训练

创新实践训练是创新素质教育的重要环节。创新能力是综合实践能力,只有通过实践才能得以表现,才能发现其优势和不足,才能纠正思维方式和行为方式中不利于创新的缺陷。创新实践训练应尽可能包括从选题、调研、设计到制作的全过程,可以结合不同课程分阶段进行。

创新实践训练应选择有实际应用背景的训练题目,聘请有实践经验的教师参与指导。通过创新实践训练提高学生的实践能力,提高应用所学知识解决实际问题的能力,提高自学能力。在实践过程中使学生通过团队合作提高与他人合作的能力,通过成功的创新实践提高学生的创新意识,提高参与创新实践活动的兴趣和自信心。

近年来,在高校中开展的各种创意大赛、创新大赛等创新实践活动并吸引了大量学生参加,为学生提供了良好的实践平台,极大地提高了学生参与创新实践活动的兴趣和热情,有效地提高了学生的创新实践能力。

4. 做好教学安排

第一,为了有计划、有目的地对大学生开展创新素质教育,应制定详细的教学大纲,确定创新素质教育的性质与任务、创新素质教育的体系,为创新素质教育提供一套可操作的原则与方法。第二,要以创造性思维教学理论为基础,在研究和实践的基础上,建立有利于创造性思维和创造能力培养的教学方法。同样的教学内容用不同的方法讲授,学生的收获是不一样的。创新素质教育的课程除课堂讲授以外,还应采取各种教学方法调动学生学习的积极性,培养学生对学习内容的兴趣,提高学生参与创新实践活动的自信心。第三,教材建设是创新素质教育课程建设的重要内容。在课程建设过程中,应合理选择并编写符合课程需要的教材体系。

第2章 产品创新设计

【教学基本要求】

1. 了解产品创新设计的概念。
2. 了解产品创新设计的类型。
3. 了解产品创新设计的意义。

2.1 产品创新设计的概念

产品在《现代汉语词典》中定义为"生产出来的物品",即能提供给市场,被人们使用和消费,并能满足人们某种需求的任何东西,包括有形的物品和无形的服务、组织、观念或它们的组合。对于市场而言,产品是商品;对于使用者而言,产品是用品。社会是不断变化的,因此产品的种类、规格、款式也会相应改变。新产品的不断出现,产品质量的不断提高,产品数量的不断增加,是现代社会经济发展的显著特点。

有关创新的论述始于20世纪初,由著名的经济学家彼特最早运用于经济学分析。彼特在《经济发展理论》一书中提出了"创新"一词,并认为创新是"企业家对生产要素的重新组合"。它包含5个方面:引入新的产品;引入新的经验、知识和操作技巧;掌握原材料新的来源途径;开辟新市场;实现工业的重新组合。

何谓"设计"?在《现代汉语词典》中,设计的基本词义是设想与计划。《辞海》中的解释:"根据一定的目的要求,预先制定方案、图样等,如服装设计、厂房设计。"英语"design"一词来自拉丁语,从词源学的角度看,"设"意味着"创造",而"计"意味着"安排"。该词结构的本意,即"为实现某一目的而设想、计划和提出方案"。因此,设计的基本概念可以理解为"人为了实现意图的创造性活动"。

产品创新是指新产品在经济领域中的成功运用,包括对现有要素进行重新组合而形成新产品的活动。全面地讲,产品创新是一个全过程的概念,既包括新产品的研究开发过程,也包括新产品的商业化扩散过程。产品创新设计,可以理解为一个创造性的综合信息处理过程,通过多种元素,如线条、符号、数字、色彩等方式的组合,把产品的形状以平面或立体的形式展现出来。它将人的某种目的或需要转换为一个具体的物理或工具的过程,把一种计划、规划的设想、问题解决的方法,通过具体的操作,以理想的形式表达出来。

在科技高速发展的今天,产品是一切企业活动的核心和出发点,是企业赖以生存和发展的基础。企业的各种目标,如市场占有率、利润等都依赖产品,产品创新设计是企业营销宝库中最厉害的竞争武器之一。如今,随着科学技术的发展和知识经济的到来,创新已从过去的偶然性发展到今天的必然性。国际化市场竞争日趋激烈、科学技术迅猛发展,任何一个产品的生命周期都是非常有限的,产品的优势持续时间越来越短,一切产品都处于激烈的竞争中。因此,产品创新设计对企业发展来说至关重要。

一个好的设计不仅能使产品美观,还能提高产品的实用性能。因此,设计需融合自然科学和社会科学的众多知识,要从现代科技、经济、文化、艺术等角度对产品的功能、构造、形态、色彩、工艺、质感、材料等方面综合处理,以满足人们对产品的物质功能和精神功能的需求,从而为人类创造一个更合理、更完善的生存空间。

2.2 产品创新设计的类型

2.2.1 改进型设计

我们所说的改进型创新几乎是看不见的,但是对产品的成本和性能有着巨大的累积性效果。改进型创新是建立在现有技术、生产能力、市场和顾客的变化之上的,这些变化的效果加强了现有技能和资源,与其他类型的创新相比,改进型创新更多地受到经济因素的驱动。改进型创新是指对现有产品进行改造。改进型设计可能会产生全新的结果,但是它基于原有产品,并不需要做大量的重新构建工作。消费者总是希望能够不断适应目前的生活方式和风格潮流,产品存在的目的就是满足消费者不断增长的需求。因此,这种类型的设计是设计工作中最普遍和常见的。

改进型设计虽然单个看每个创新带来的变化都很小,但他们的累积效果常常超过初始创新。美国汽车业的 T 型车早期价格的降低和可靠性的提高就呈现了这种格局。1908—1926 年汽车价格从 1200 美元降到 290 美元,而劳动生产率和资本生产率都得到了显著的提高,成本的降低究竟是多少次工艺改进的结果连福特本人也数不清。一方面通过改进焊接、铸造和装配技术以及新材料替代降低成本,另一方面通过改进产品设计提高了汽车的性能和可靠性,从而使 T 型车在市场上更具吸引力。虽然改进型创新所带来的进步微不足道,但是持续进行这类产品的创新就能带来巨大改变,从而实质性地改变企业的现状。

案例:松下洗碗机背后的故事

在日本松下公司决定开发洗碗机时,市场上已经有类似的美式洗碗机。美式洗碗机像洗衣机,用水量大且一次只能洗 12 个人用的餐具。1960 年,松下公司开发了"国产一号"洗碗机,这是美式洗碗机的仿制品。但其同样体积庞大、用水量大,而且污垢不能一次洗净,很快就被市场所淘汰。现代社会,很多家庭都是夫妻同处职场,家务就显得特别繁重,长期被洗洁剂浸泡的双手也容易老化,所以家庭主妇还是希望有自动化的家电帮助解决烦恼。由于现代家庭厨房普遍较小,没有空间摆放一个像洗衣机大小的洗碗机,因此虽然有市场需求,但洗碗机销量一直很小。任何产品是否能够热销,都是从 10% 的市场占有率开始的。这个数字是产品能否留在市场的分界点。松下电器市场调查人员为了弄清楚洗碗机是否能达 10% 的市场普及率,就一家一家地拜访家庭主妇进行调查访谈,告诉她们现在正在开发放在水池旁的洗碗机。用户的反应让调查人员觉得,洗碗机将像洗衣机一样获得良好的市场反应。

松下公司的新一代洗碗机的上市并非一帆风顺,市场营运部不断接到投诉,开发设计人员随即展开了市场调查。原来,随着整体厨房的出现,新型水龙头的种类有 5000 多种,而洗碗机的接头无法与之一一对应。开发设计人员又发现,放洗碗机的案台被案板和调味料瓶占满了,现在案台只有不到 20% 的空间。但是,他们发现水槽侧边有一个约距 30cm 的地方,于是,在不改变容量的前提下,设计人员重新设计了洗碗机尺寸并制作了一台样机。新的问题又来了,原来的洗碗机采用的是烤箱式的向下翻转门,当门打开向下翻转时,会挡住水龙头。因此,开发设计人员首先对接头进行了改良,使之能够适应所有的水龙头,并且根据公交车折叠门的原理,设计了向上的折叠门,解决了翻转门翻转时阻挡水龙头的问题。

当市场营销人员努力劝说用户购买洗碗机时,有的用户却说家里有三四个可以洗碗的人,不用花一笔钱购买洗碗机。还有什么能打动家庭主妇呢?开发人员在观察中发现,传统的用手洗碗冲洗时水龙头会一直开着,这样会浪费很多水。于是,开发设计人员想到,如果能降低洗碗机的用水量,也许就能打动家庭主妇。他们发现,洗碗机以前的喷嘴,水都是从底端横着喷出,然后通过反射在容器内进行旋转,但是水打在容器壁上就清洗不了餐具,水被白白浪费了。若靠发动机来制造转动,则电费又太高了。所以,洗碗机项目因为节水问题被一再耽搁。

偶尔的一次生活观察让设计人员发现草坪上的喷水器正好可以解决洗碗机浪费水的问题:把喷嘴设计成 L 形,水不用横着喷也可以旋转。开发设计人员根据这个原理把原本笔直的喷嘴设计成回旋镖形状,喷嘴转动后,所有的水都打在了餐具上。所以,洗碗机用水量是手洗的 1/7。样机完成后,开发设计人员又对用户进行了一次访谈,有个家庭主妇反馈,有棱角的门会给人一种压迫感,因此新产品的门改成了圆润无棱角的门。经过不断地与用户沟通,改进产品,松下洗碗机终于获得了市场的认可,市场普及率超过了 10%,如图 2.2.1 所示。

图 2.2.1　松下洗碗机

上面的案例说明,通过不断地调查研究,改进产品自身的问题,更有针对性地改良现有产品,可以带来巨大效益,会得到市场认可。

2.2.2　创新型设计

创新型设计也称为原创设计或全新设计,是指首次向市场导入的、能对经济产生重大影响的创新产品或新技术。通过新材料、新发明的应用,在设计原理、结构或材料运用等方面有重大突破,设计和生产出来的产品与市场现有产品有本质区别,往往会导致新的产业产生,甚至创新人们的生活方式,如计算机、MP3等。成功的全新设计几乎都处于时代的前列,全新设计虽然有可能改变市场甚至统治市场,但同时存在极高的风险。创新型设计与科学上的重大发现息息相关,往往需要经历很长时间,并接受其他各种创新的不断充实和完善。

案例:戴森真空吸尘器

詹姆斯·戴森(James Dyson)——工业设计师、发明家、真空吸尘器的发明者、戴森公司的创始人,被英国媒体誉为"英国设计之王"。他是除维珍集团的理查德·布兰森外,最受英国人敬重的、富有创新精神的企业家。

英语中有句古谚:需要是发明之母。这话用在双气旋真空吸尘器的发明上一点没错。1978年,31岁的戴森已是3个孩子的父亲。他们一家人居住在一个满是尘土的农舍里,家里有一台破旧的胡佛牌真空吸尘器。有一天,这台吸尘器又坏了,喜欢钻研的戴森决定自己动手修理。拆开吸尘器后他发现,他遇到的是自吸尘器1908年问世以来就未解决的简单问题:当集尘袋塞满脏东西后,就会堵住进气孔,切断吸力。

最初,戴森研制了几百个模型都没有成功。换作别人,或许早就中途放弃了。但戴森没有,他意志坚定、永不言输,哪怕背负高息银行贷款。他用了5年的时间,在研制了5127个模型后,发明了不需集尘袋的双气旋真空吸尘器(图2.2.2),引发了真空吸尘器市场的革命。

双气旋的创意,是从另一个发明中得到启示的。戴森在生产自己发明的"球轮"手推车的厂房里也遇到过同样的问题——风道里的过滤器,经常被各种塑料颗粒堵住。同事建议他安装一台工业用吸尘器清除这些颗粒为了节省13.4万美元的费用,戴森自己做了一台:用钢板焊了一个直径9m的圆锥,利用风扇将塑料颗粒吸到里面。塑料颗粒在离心力的作用下被甩到一侧,干净的空气在另一侧进入风道。这套装置清除颗粒的效果非常好,戴森又用同样的方法制作了一套小型的,将它装进了胡佛牌吸尘器里,从此再也没有发生气孔被堵住的情况。

图 2.2.2 戴森真空吸尘器

2.2.3 概念型设计

概念型设计又称为未来型设计,是一种探索性的设计,旨在满足人们未来的需求。这些设计在今天看来,可能只是幻想,但是在未来可能成为现实。这种创新设计会极大地推动技术开发、生产开发和市场开发。例如,各大汽车厂商会投入相当大的资源进行概念车型的开发和设计,进行未来市场的预测。

案例:伊莱克斯"设计实验室"

伊莱克斯是全球家电及专业电器领导者,每年向150多个市场的客户出售4000多万件产品。该公司致力于根据广大消费者的意见,提供人性化设计的创新解决方案来满足消费者和专业人士的实际需求。伊莱克斯产品包括伊莱克斯、AEG和Frigidaire等著名品牌的冰箱、洗碗机、洗衣机、灶具、空调以及真空吸尘器等。2012年,伊莱克斯销售额达1100亿瑞典克朗,拥有约6.1万名员工。

伊莱克斯"设计实验室"致力于研究前沿概念型创新家电及电器设计,每年举办全球设计大赛,采取分阶段赛制,使参赛者在分阶段的过程中充分完善、演绎自己的设计理念。

空气地球仪是一台可以模拟世界特定区域空气的空气净化装置,确保用户可以享受到自己喜欢的气候环境。它可以搜集所选区域的实时温度、湿度、气味和声音,并将气候环境复制到家庭环境。用户可以用手旋转虚拟的地球仪,在放大取景器下移动选定区域并模拟复制气候环境(图2.2.3)。

图2.2.3 空气地球仪

果冻球清洁器可在所需清洁的表面,用滚动的果冻球的胶质表面张力原理吸走灰尘。这款清洁器的主体可对空间进行分析,制定出清洁策略后,由果冻球来完成清洁工作。由于其体积小、外形灵活且可塑性强,因此可以清扫屋子的每一个角落和狭小空间。这款电器使用起来非常轻松,电器的果冻状表面完全不会与水发生反应,甚至可以清扫浴室和厨房等有水的地方(图2.2.4)。

图2.2.4 果冻球清洁器

记忆空气小管家是一款组合式动态结构的空气净化器。该电器组合部件可放在家中作为装饰。当离家外出时,可以将它们作为配件佩戴在身上,以防吸入城市中糟糕的空气。同时,该空气净化器还有各种颜色可选择,以适应个人的品味。其与应用软件衔接后,可以设置所喜爱场所的空气记忆(图 2.2.5)。

图 2.2.5　记忆空气小管家

2.3　产品创新设计的意义

2.3.1　对社会的意义

1. 产品创新设计能力就是竞争力

重视产品创新设计是各国、各企业已达成的共识。无论是发达国家还是新兴的工业化国家和地区,都把设计作为国家创新战略的重要组成部分,一些国家甚至将其上升到国策的高度。分析日本和韩国的工业振兴历程,不难发现创新设计在其中所发挥的巨大贡献。可以说,正是对设计技术的高度重视和推广普及,为日本和韩国的工业产品赢得了广泛的声誉,促使他们的产品在世界市场上取得巨大成功。

随着我国制造业的转型,"中国制造"升级到"中国创造",我国的工业设计也从行业层面上升到国家战略层面。《国家"十二五"规划纲要》明确指出,"加快发展研发设计业,促进工业设计从外观设计向高端综合设计服务转变",这标志着我国工业设计进入了一个历史跨越时期,实现规模的扩张和质量的提升,为推动我国工业设计产业化创造了良好环境。

所有这一切都表明,工业设计在社会发展中的重要性已经得到广泛的认同,工业设计将成为制造业竞争力的源泉和核心动力之一,对推动社会进步起到更重要的作用。

2. 推动社会经济发展

科学技术是第一生产力,就在于它能够推动社会经济的发展。产品创新设计作为艺术与技术相结合的产物,同样具备促进社会经济增长的价值。企业的生产,首先需要有设计方案,然后才能根据设计方案购买原材料和劳动力,并组织生产。只有按照设计方案生产出来的产品,才能够在材料、结构、形式和功能上,最大限度地满足人们生理与心理、物质与精神等需求,产品才有可能具有商品的活力,已经生产出来的产品才有可能在市场上得到最大程度的销售。这是企业生存和发展的根本。不仅是企业的生存和发展有赖于商品的活力,一个地区、一个民族,乃至一个国家的经济都依赖于商品的活力。要让产品富有商品的活力,设计仅停留在设计方案上是不够的,还需要将设计贯穿至生产、流通和消费的全过程。企业需要通过优良的工业设计,尽可能地将其在先进工艺设备、科学的管理、廉价环保的原料以及销售技术等方面的优势发挥出来。

在设计史上,艺术设计促进社会经济发展的例子比比皆是。早在1982年,英国前首相撒切尔夫人就亲自主持了"产品设计和市场成功"的研讨会,并指出:"如果忘记优良设计的重要性,英国工业将永远不具备竞争能力"。由于英国政府的重视,20世纪80年代初期和中期,英国设计业迅猛发展,促使英国工业开始新一轮的增长,出现了1986年GDP3.2%的高增长率。设计不仅推动了英国的工业,而且拯救了英国的经济,使政府和企业都从中获得了巨大的赢利。

2.3.2 对企业的意义

1. 科研与市场的桥梁和纽带

任何先进技术和科研成果,要转化为生产力,必须通过设计。只有把科研成果物化为消费者乐意接受的商品,才能进入市场,并依靠销售获得经济效益,最大程度地实现科技成果的价值。因此,设计是企业与市场的桥梁:一方面将生产和技术转化为适合市场需求的产品;另一方面将市场信息反馈到企业,促使企业的发展。

发达国家的工业设计发展史表明,当人均 GDP 达到 1000 美元时,设计在经济运行中的价值就开始被关注;当人均 GDP 达到 2000 美元以上时,设计将成为经济发展的重要主导因素之一。当进入以创新领导实现价值增值的经济发展阶段时,产品创新设计就会成为先导产业。因此,产品创新设计水平将极大地影响高新技术产业的发展水平。

2. 提升产品附加值,增加经济效益

如果传统意义上的产品设计是以其使用价值与交换价值为主导,审美价值和社会价值仅在其次,那么现在的情形发生了很大的变化。随着世界经济竞争的日益激烈以及全球经济一体化进程的加速,通过设计增加产品的附加值已成为目前经济竞争的一种强有力的手段。所谓增加产品的附加值,就是指通过设计提升产品的审美价值和社会价值。产品的审美价值和社会价值在逐步提升的过程中,有时甚至会超过产品的使用价值与交换价值,进而成为产品价值的主导。这样的策略,能够降低产品的可替代性,使企业掌握制定价格的主动权。掌握制定价格的主动权,就意味着产品竞争力的提高,意味着经济效益和社会效益的增加。

无数成功的经验告诉我们,产品创新设计是提高产品附加值行之有效的手段之一。2004年下半年,美国某研究机构针对青少年的一份调查表明,在计划购买数字媒体播放器的青少年中,有75%希望能够得到美国苹果公司的 iPod 播放器。该机构2004年末的年终财务报表显示,美国苹果公司在全球范围内已经售出了1000万台 iPod,在整个 MP3 市场上的销售份额超过60%,位居第一。同属苹果公司,为 iPod 提供下载的 iTunes 音乐收费网站也售出12.5亿首歌,在同类市场上以70%的占有量同样位居第一。在一年时间内,苹果公司的总资产从60亿美元攀升到了80多亿美元,其产业也从电子产品延伸到了动画、音乐、图片等数码领域(图2.3.1)。

图 2.3.1　iPod 音乐播放器

3. 创造企业品牌，提升企业形象

品牌的形成首先是产品个性化的结果，而设计则是创造这种个性化的先决条件。设计是企业品牌的重要因素，如果不注重提升设计能力，将难以成就一流企业。韩国三星公司是利用设计创造品牌、增加利润的典型。2004 年，三星赢得了全球工业设计评比 5 项大奖，销售业绩从 2003 年的 398 亿美元上升到 2004 年的 500 多亿美元，利润由 2003 年的 52 亿美元上升到 100 多亿美元。美国《商业周刊》评论，三星已经由"仿造猫"变成了一只"太极虎"。在我国，如海尔、联想、华为等一批具有前瞻眼光的企业已经意识到了产品创新设计在提升企业形象中的重要作用，这些企业通过开发自身的品牌而逐步成长壮大为国际性的大企业。

2.3.3　对用户的意义

1. 改变人们的生活方式

今天，从设计纽扣到设计航天飞机，产品创新设计已经进入到各行各业，渗透到我们生活的每一个细节，成为了社会生活不可分割的部分。从人们所处的环境空间，到人们对物品工具的使用，再到思维的方式、交往的方式、休闲的方式等，无不体现着设计的影响，无不因设计的存在而发生变化，有的甚至是翻天覆地的改变。

产品不仅会潜移默化地对人们的生活产生影响，还会导致人与人之间的社会关系的重大改变。对此，每一位手机用户或许都有切身体会：自从手机问世以后，尤其是智能手机的普及以后，人们的生活方式、角色关系也在发生改变。只要一部手机在手，无论是在高山海滨还是田野牧场，都掌控着一个实时、远程、互动的通信系统，而且可以通过手机上网实现购物、游戏、学习、办公等功能。但同时有研究者发现"夫妻间信息的沟通，因手机的出现而变得异常方便的同时，他们享受的交流空间却缩小了"（图 2.3.2）。

2. 帮助消费者认识世界

产品反映着设计师对社会的观察和认识，也反映着设计师对艺术、文化、技术、经济、管理等方面的体悟。这些观察、认识和体悟被设计师融入设计的产品中，在公众与该产品的直接接触过程中，或多或少、或深或浅地影响了公众对于世界、社会的认识与理解。

例如，自 20 世纪八九十年代始，设计师们围绕着环境和生态保护进行探索，提出如绿色设计、生态设计、循环设计以及组合设计等设计理念，并形成了不同的设计思潮与风格。顺应这些设计思潮的产品（如电动汽车、可食性餐具、可循环使用的印刷品与纸张、带可变镜头的照相机等），在很大程度上能强化公众的环保意识，加深公众对于人与环境的和

图 2.3.2 智能手机改变生活方式

谐共处的理解。这样,我们就不难理解日本设计家黑川雅之的话,"新设计的出现常常会为社会大众注入新的思想"。

在积极的意义上,产品创新设计对公众认识和理解问题的影响,是一种说服和培养,属于广义的教育。当然,工业设计对于公众起到的教育作用,不仅在于上述的影响,还有更多的内容。公众通过接触使用产品,通过认识、思考和理解,会在文化艺术、科学技术、审美、创造力以及社会化等方面获得经验、增长知识、培养能力,在思想、道德等方面提高素养。例如,各种造型可爱、功能多样的儿童玩具具有益智功能,能对儿童起到教育的作用,有利于儿童的健康成长。同样,市场上许多设计精美的同类产品,功能相似但形式多样,在无形中能提升公众的审美能力和创新能力。公众在使用计算机、智能手机等电子产品的过程中,对相关文化、知识和电子信息技术地了解都会有所加强(图 2.3.3)。

图 2.3.3 儿童益智玩具

第 3 章　创新设计思维

【教学基本要求】

1. 理解创新思维的形式。
2. 掌握列举创新、组合创新、仿生创新等创新思维的内涵、方法。
3. 运用各种创新思维形式进行产品的创新设计。

设计是对一切人造事物的认识与再创造。产品设计是一门交叉、综合的学科,涉及众多领域的学科知识,是综合的、多样化的统一。在处于知识经济初见端倪和市场经济日趋成熟的今天,人们所面临的创新活动更加复杂化、多样化、系统化,这就需要建立科学认知一切人为事物的方法,即设计思维。

创新思维是人们在长期实践经验的基础上,通过积极的、有意识的思考过程,产生新颖、独创性认识成果和心理活动的过程,是人类认识世界和改造世界的基本方式,是发散思维和收敛思维、智力因素和非智力因素的辩证统一。它是一种智力品质,是在客观需要的驱动和伦理规范的要求下,在经验和感性认识、理性认识以及新获取信息的基础上,总领各种智力和非智力因素,通过思维的敏捷转换和灵活选择,突破和重新建构已有的知识、经验和新获取的信息,创造新理论、开拓新领域、开发新技术、设计新产品,探索出解决问题的新途径,发明设计出新的产品。因此,"新"是创新思维的本质和关键。

3.1　创新思维形式

3.1.1　科学思维与艺术思维

技术往往是一种方式、过程和手段;艺术既可以是方式、过程和手段,又可以指艺术品、艺术现象。技术是创造表现形式的手段,是创造感觉符号的手段。技术过程是达到以上目的的而对人类技能的某种应用。

千百年来,无数人看到苹果落地,但是从未有人考虑过这一现象与月球绕地球转动之间的关系。只有牛顿思考了整个问题,并运用精密的计算和逻辑推理形成了万有引力定律。法国印象派画家莫奈在谈到自己的创作经验时曾说:"当你出去画画时,应当试着忘掉你眼前所看到的对象,一棵树、一栋房子、一片田野或无论其他什么东西。只是想着这里是一小块蓝色,这里是一个椭圆形的桃红色,这里则是一种黄色条纹。在画它时,恰如它也在看着你一样,确切的颜色随之形成,直到它在你面前产生出朴实自然的景物形象。"不难看出,艺术思维的成果是丰富的、富有魅力的,带给人前所未有的体验。画家通过视觉语言来表达,而音乐家以听觉的方式表现世界,文学家则以语言描绘人物。因此,艺术思维所用材料反映了事物属性的各种表象。但是,整个艺术思维又离不开科学思维的指导,灵感并非凭空而来,而是在经验或长期的逻辑分析的基础上形成的。

3.1.2 抽象思维和形象思维

抽象思维是相对于形象思维而言的,它是运用抽象语言进行的思维活动,是认识过程中用反映事物共同属性和本质属性的概念作为基本思维形式,在概念的基础上进行提取、推理,反映现实的一种思维方式。这种思维的顺序是从感性个别到理性一般,再到理性个别。

形象思维是通过实践由感性阶段发展到理性阶段,最后完成对客观世界的理性认知。在整个思维过程中都不脱离具体的形象,通过想象、联想等方式进行思维。人类对事物的感知最初是通过感觉器官进行的,这些事物的信息以各种形式的形象作为载体,通过感觉器官传达给人类大脑,从而形成视觉、听觉、味觉、触觉、嗅觉等感觉形象类型。没有了形象,设计艺术就没有了思维载体和表达语言。

一般认为,形象思维具有以下四个特征。

(1) 形象性。形象思维所用材料的形象性,也指具体性、直观性。

(2) 概括性。形象思维通过对典型形象或概括性的形象把握同类事物的共同特征。

(3) 创造性。一切现有物体的创新和改造,一般都表现在形象的变革上,它依赖于形象思维对思维中的形象加以创造和改造,而且在用形象思维的方式来认识一个现存的事物时也不例外。

(4) 运动性。形象思维作为一种理性思维,它的思维材料不是静止的、孤立的、不变的,而是能提供各种想象、联想与创造性的构思,促进思维的运动,使得思维者对想象进行深入的研究分析,获取所需的知识。

3.1.3 理性思维与感性思维

德国著名学者马克斯·韦伯(Max Weber)曾经说过,"所谓的理性,简要地说,就是人们强调经过理性的计算或推理,用适当的手段去实现目的的倾向。或者说,理性是指为达到一定的目的,解决一定的问题,人们使用冷静、客观和准确的计算,利用已获取的信息或统计资料,对目的和手段进行分析,以求得最佳、最适的手段或解决办法,有效率或有效地达成目的。感性就是人们在实践过程中通过感觉器官所获得的认识,是对所有信息和资料直接的、具体的认识。"

理性思维是感性思维的高级阶段,感性思维是理性思维的基础,两者相互渗透、互相转化。感性思维包含理性思维,理性思维又含有感性思维,这是因为感性思维要用概念等理性思维的形式来表达,需要在理性思维的参与下进行。理性思维不但要以感性思维为基础,而且必须通过感性的认识来说明,也就是说,它要以感性材料为基础并以语言这种具有声谱或文字的感性形式来表达。

产品创新设计中的理性思维就是在设计中的感性知觉的启发引导下,使设计师的感性直觉、灵感经过实践的检验、深化和发展,从而客观地把握和依照产品设计的原则、程序、步骤,一步一步地具体实施产品设计,是设计师在思考和解决产品设计中所遇到的问题时遵循原则的思维方式。设计的表现形式的步骤大致分为构想→草图→分析→定稿,将"构想+草图"定为"感性思维"下的产物;"分析+定稿"定为"理性思维"下的产物。概念,即感性思维,方法论,即理性思维,两者是互为影响、互为制约的关系。

3.1.4 发散思维与收敛思维

创造性思维是发散思维和收敛思维的统一。美国心理学家吉尔福特认为,创造性思维有两种认知加工方式:一种是发散性认知加工方式,简称:DP;另一种是与它相反的收敛性认知加工方式,简称:CP。DP 能提出尽可能多的新设想,CP 能从中找出最好的解决方案。所以,从这个意义上说,创造性思维也可以说成是"一种以 DP 为操作核心、CP 判别手段的、DP 与 CP 有机结合的思维创造方式"。

发散思维又称为求异思维或辐射思维,是指从某一对象出发,把思路向四面八方发散,探索多种解决设计问题方案的思考方式。发散思维可以突破思维定式和功能固着的局限,重新组合已有的知识、经验,找出许多新的、可能的解决问题方案。它是一种开放性的,没有固定的模式、方向和范围,可以是"标新立异""海阔天空""异想天开"的思维方式。同时,它不受现有知识和传统观念的局限与束缚,是沿着不同方向多角度、多层次去思考、探索的思维形式。在设计构思过程中的"发散"如同渔翁撒网,网撒得越宽,可能网到的鱼就会越多;联想得越广、越多,设计构思方案也就越多。这样,解决设计问题的方案可以从量上得到保障。没有发散思维就不能打破传统的框框,也就不能提出全新的解决问题的方案。

例如,日本第一部"随身听"的诞生就是运用发散思维的典型案例。在 1979 年之前生产的收音机体积大,倘若人们外出需要听音乐时,需要将它挂在肩上或提在手里,携带不便。索尼公司董事长盛田昭夫看到路边几个小孩儿在玩跳绳时,一个小女孩儿一只手提录音机听音乐,一边跳绳。这时,他想到生产一种便于携带,且只有自己听的录音机,于是,"随身听"的创意诞生了。

1967 年,吉尔福特(J. P. Guilford)和他的助手们着重对发散思维进行分析,提出了发散思维的三大特征。

(1) 流畅性。发散思维的量,单位时间内发散的量越多,流畅性越好。

(2) 变通性。思维在发散方向上所表现出的变化性和灵活性。

(3) 独创性。思维发散的新颖、新奇和独特的程度。

例如,设想"清除垃圾"有哪些方式?可以提出"清扫""吸收""黏附""冲洗"等手段。在有限时间内,提供的数量越多,说明思维的流畅性越好;能说出不同的方式,说明变通性好;说出的用途是别人没有说出的、新异的、独特的,说明具有独创性。发散思维的这三个特征有助于人消除思维定势和功能固着等消极影响,顺利地解决创造性问题。

收敛思维又称为集中思维,它具有批判地选择的功能,在创造性活动中发挥着集大成的作用。当通过发散思维提出种种假设和解决问题的方案、方法时,并不意味着创造活动的完成,还需从这些方案、方法中挑选出最合理、最接近客观现实的设想。也就是说,设计构思仅有发散思维而不加以收敛,仍不能得到解决问题的良好方案。没有形成创造性思维的凝聚点,最后还需要运用收敛性思维,产生最佳且可行的设计方案。

我们要解决某一具有创造性的问题,首先得进行发散思维,设想种种可能的方案;然后进行收敛思维,通过比较分析,确定一种最佳方案。一个创造性问题的解决要经历上述的多次循环,直到解决问题为止。在创造性思维中,发散思维与收敛思维都是非常重要的,二者缺一不可。

3.2 创新思维分类

设计是一个创造的过程,也是发现问题、分析问题到解决问题的过程。这一过程的主体是设计师,而决定这一过程结果的关键因素是设计师的创新思维能力。如何激发设计师的创新潜力至关重要。对于设计师而言,正确的创新思维方法是激发想象力创造新产品的保证。

3.2.1 列举创新

1. 列举创新的内涵

所谓列举创新,就是将一个行为、想法或事物的各个方面内容一一列出并进行创新,如图3.2.1所示。列举者将对象进行分解,拆分成单个要素,要素可以是事物的组成元素、特性或优缺点,也可以是该要素所包含的各种形态。列举者可针对拆分要素,产生全新的方案。

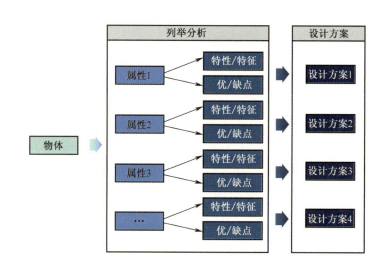

图 3.2.1　列举创新方法图解

2. 列举创新的方法

常用的列举创新方法包括属性列举法、希望点列举法、缺点列举法以及优点列举法。

(1) 属性列举法。任何事物都具有其内在属性,完美的事物并不多见,都存在改进创新的空间,但从整体入手,往往目标分散,过于笼统,难以发掘创新点。属性列举法是一种化整为零的创意方法,它将事物划分为单独的个体,逐一击破。有时,某些研究对象呈现的矛盾看似微不足道,却能从改善这些小问题中体现设计师的人文关怀。

例如,我们对目前的挂钩属性进行列举分析,发现目前的挂钩不方便外出携带,不能满足特定场景的需求,如酒店、郊游等。因此,将传统的硬质挂钩设计为带有黏扣的柔性挂钩,可折叠收纳,便于外出携带(图3.2.2)。

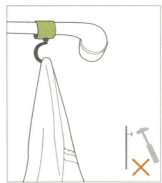

Using scenes

Way to carry

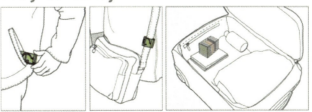

图 3.2.2　Qhook 挂钩设计

(设计者:孙辛欣、葛奕言、秦银、秦翔)

又如,有的时候我们会觉得打开和密封瓶盖十分费力,由 Dijiangin 设计的 sodavalar 可以增大握力,从而使其变得容易。不仅如此,较宽的环形结构还可以方便提取饮料(图 3.2.3)。

图 3.2.3　sodavalar

（2）希望点列举法。在使用产品的过程中,用户常常会对产品抱有自己的期望。在人的生理和心理永远不满足的背后,隐藏的是事物不断涌现的新问题和新矛盾。希望点列举法不是改良,它不受原有产品的束缚,而是从社会和个人愿望出发,主动、积极地将对产品的希望转化为明确的创新型设计。例如,莫尔斯发明了电报,但还需要将文字译成电码,再由电码译出原文,有时还会译错、发错。人们就想,能够直接用电传送人的语言呢? 经过 20 多年的探索,终于由亚历山大·贝尔实现了电话的发明,改变了人们的生活方式。再如,当人们拥有马车时,希望能够跑得更快,于是汽车出现了,改进了人们的出行方式。

许多产品都是根据人们的"希望"设计出来的。在用户、设计师以及社会的希望下,发挥设计师的主观能动性进行创新设计。人们希望能够有一个放置湿淋淋雨伞的器物,于是伞架设计出来了;人们希望具有随身携带可快速为手机充电的"充电器",于是移动电源应运而生;常常旅行的人希望可以将必备物品尽量缩小,于是出现了折叠牙刷、折叠梳子等可减小体积的物品。

案例 1：3D 打印领域

一直以来,人们希望能够实现快速打印物品的愿望,3D 打印作为一种新兴的生产制造技术迅速发展。它的制作过程是先通过计算机建模,再将建成的三维模型分区成逐层的截面进行打印。位于美国波士顿的 Wobble Works 公司开发的一款 3D 打印笔相当于标准 3D 打印机的打印头。其无需建模,随时可以把设计的产品"画"成 3D 模型,十分方便(图 3.2.4)。

图 3.2.4 3D 打印笔及模型

案例 2：生活用品领域

希望点列举法的应用如表 3.2.1 所列。

表 3.2.1 希望点列举法的应用

原产品	希望点	新产品
	希望可以挂更多物品	带夹子的衣钩
	希望衣架可以晾晒鞋子	专门晾晒拖鞋的架子

(续)

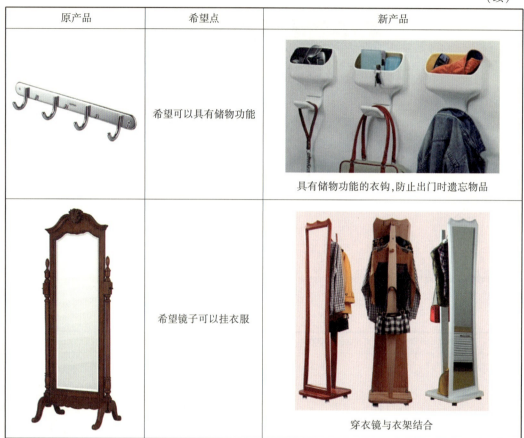

原产品	希望点	新产品
	希望可以具有储物功能	具有储物功能的衣钩,防止出门时遗忘物品
	希望镜子可以挂衣服	穿衣镜与衣架结合

（3）缺点列举法。缺点列举法就是通过发现、发掘现有事物的缺陷,把具体缺点一一列举出来,然后针对发现的具体缺点,有的放矢地设想改革方案,从而有效地解决缺点,确定创新目标。解决缺点意味着选择亟待解决或是最容易下手、最具实际意义的内容作为创新主题进行的产品改良设计。虽然生活中充满了问题,但人是一种"惯性动物",对事物的缺点总是很"宽容"。因此,设计师要练就发现事物主要矛盾的能力,并以主要矛盾为关键进行相关产品的设计。

例如,工人用钳子拧螺母是一件十分平常的事,由于螺母有不同的规格,因此工人在实际工作时需要时不时地更换工具,这样不仅麻烦且效率十分低下,可人们却对此习以为常。然而,有个设计师却针对这个现象设计了"多螺母钳",一把钳子可拧3种螺母,十分实用(图3.2.5)。

人们设计制造的产品总会有这样那样的缺点,具体原因如下：

① 局限性。设计产品时,设计人员往往只考虑产品的主要功能,而忽视其他方面的问题。例如,随身携带的保温杯,保温、便于携带是它的主要功能及优点。但是,当我们外出用它来泡茶喝时,却发现因为没有专门放置茶叶浸泡的地方,非常不方便,这是其局限性。因此,根据其缺点,设计出了"泡茶保温杯",分为上下两个开口,下面放置茶叶,上面可打开喝水。

② 时间性。随着科学技术的进步和时间的推移,有的产品从功能、效率、安全以及外

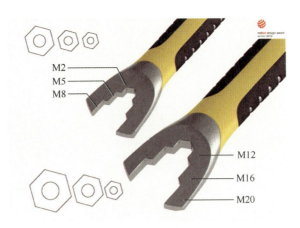

图 3.2.5　多螺母钳的设计

观上落后了。如果能够对习以为常的事物"吹毛求疵",找出不方便、不顺当、不合意、不美观的缺点,并找出克服该缺点的办法,然后采用新的方案进行革新,就能创造出新的成果来。例如,在社会的发展中,大众的审美趣味会发生改变,产品的造型、色彩、材质、功能等会存在与用户需求不符的情况。因此,设计师需要及时发现产品的不足,并加以调整使产品更加完美。

③ 空间性。产品在特定的使用场景会有其专属功能,随着使用场景的转换及用户需求的转化,产品会出现不适应的状态,其缺点便暴露了。例如,一把满足日常需求的雨伞,当骑自行车时再使用,就会发现使用不便;一把家用的椅子,当外出野炊携带式,便不合时宜了;当把成人用的餐具给儿童使用时,显然是不方便使用的。因此,随着产品使用空间、场景的改变,产品属性及功能也会发生变化。

在缺点列举法的应用中,通常就是发现事物的缺点,并找到解决方法,具体步骤如下:
① 了解产品,找到其缺点,可从产品外观、功能及操作方式等方面入手。
② 对缺点进行分析,找到解决方案。
③ 产品优化设计。

案例1:将伞的缺点进行改进,每改进一种,就是一种新产品

缺点列举法的应用如表 3.2.2 所列。

表 3.2.2　缺点列举法的应用

原产品	缺点	改进后的新产品
雨伞	两人打一把伞时,不方便	

(续)

原产品	缺点	改进后的新产品
雨伞	现有的雨伞无法用于婴儿车或自行车上	
	为了挡住迎面吹来的雨,伞布遮住了视线,容易撞到别人,改伞布为透明塑料	
	手拿水杯时,不方便打伞	

案例2：MIYOSHI洗手液

生活中,一般的袋装洗手液都是方形的,不可避免地会给用户造成不便,即其中的液体不方便灌入瓶中,在倾倒时总是会洒漏。日本著名女设计师柴田文江将洗手液的包装设计成三角形,犹如中国传统的漏斗。在使用时,打开三角形下方的开口,很容易将内部的洗手液倒入瓶中,不会洒落,可谓是个贴心的小设计。同时,三角的形状,也方便使用者抓握。材质上,采用了较厚的纸盒包装,而不是塑料袋包装,也是出于使用的便利性与安全性的考虑(图3.2.6)。

图3.2.6 三角形的洗手液包装袋设计

案例3：红点概念设计奖中的缺点列举法应用

红点设计大奖（Red Dot Design Award）是由德国著名设计协会 Design Zentrum Nordrhein Westfalen 创立的，至今已有 50 多年的历史，分为三大领域：产品设计奖、传播设计奖和设计概念奖。其中，设计概念奖强调产品的创新性，通过对获奖作品进行分析发现，不乏缺点列举法的设计案例，如表 3.2.3 所列。

表 3.2.3　红点概念设计奖中的缺点列举应用案例

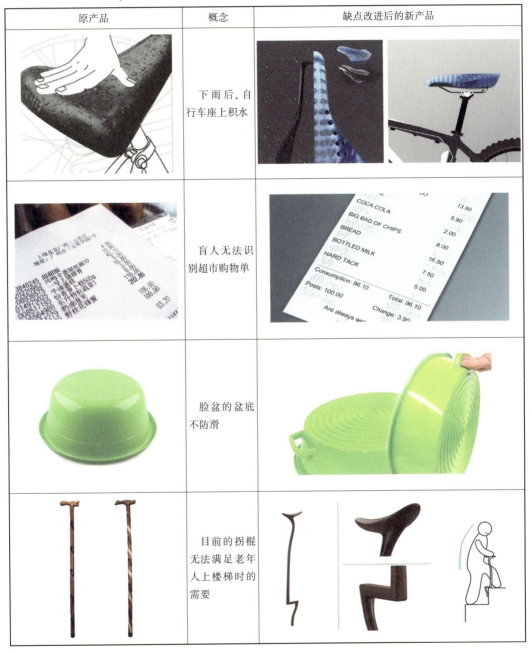

案例4：固件的缺点列举法

胶水和固件在现代化工业生产中应用十分广泛，但存在着污染环境和固件回收不方便的缺点。因此,荷兰鹿特丹的 Minale-Maeda 设计工作室设计了一系列 3D 打印固件基石,无需胶水和螺钉,只需简单的插接即可完成组装,拆卸和回收也十分方便(图 3.2.7)。

图 3.2.7　3D 打印固件基石设计

案例 5:鼠标的缺点列举法

如今的鼠标多为双键鼠标,中间加一滚轮,这就导致工程师在使用时手容易疲劳,尤其是在 3D 工程制图和数模设计工作中。三键鼠标是一种专门针对工程师设计的鼠标,中键功能和普通鼠标中间滚轮作用相同,但是它是平面的,方便工程师使用(图 3.2.8)。

图 3.2.8　三键鼠标的设计

3. 列举创新的应用方法

1) 集体讨论——创意发动机

(1) 明确主题,召开列举创新讨论会议。每次会议可有 5～10 人参加,确定一位会议主持人。

(2) 会前由主持人选择一件需要创新设计的产品作为主题。在通常情况下,外向型主题比局限性的内向型主题更容易激发创意。

(3) 积极讨论,激发创意。参会者围绕主题展开讨论,鼓励大胆创新,可以将每个人提出的列举点写在便签纸上,并贴在黑板上。

例如,根据上述流程展开对"雨伞"的列举创新:如果雨伞带有烘干功能就更加方便了;太阳伞与雨伞结合,可以不用买两把伞了;雨伞的大小可以调节就好了。

(4) 计算会议的创意数量,讨论出产品 50～100 个创意点,即可结束会议。

(5) 会后将提出的各种列举创新点进行整理,并从中挑选出有可能实现的创意进行深入研究,并制定产品开发方案。
　　2) 学会观察,发现问题
　　设计师首先应该是个细微生活的敏锐观察者、主动的思考者与聪明的实践者。"观察"按表面意思就是观看、洞察,最简单的方法是用眼睛去看、去发现,是一种运用个人的感官并辅助相关的科学手段去感知、记录行为及其与周围环境关系的方法。观察不仅是一个看的过程,也是一个去发现问题、创造新产品的过程。
　　(1) 观察本身就是一种体验,著名设计公司 IDEO 的设计与创新活动实际上是一个观察活动,汤姆·凯利强调:"创新始于观察",并用有趣的语言对创新的方法进行了阐释。
　　(2) 通过亲自"深入虎穴"是改进或创造突破性产品的关键第一步。
　　(3) 零星观察可发现"蛛丝马迹",这可能会产生新的火花。
　　(4) 无论是科技、艺术或是商业,灵感往往来源于"贴近实际的行动"。
　　(5) 有时不要强调"避免蠢的问题",有些"陈词滥调"也许有道理。
　　(6) 不能想当然来代替现场考察,如以"孩童的眼光"会注意到孩子用整个拳头抓握牙刷的现象,从而开发出德国欧乐 B 粗柄儿童牙刷。
　　(7) 许多灵感来源于对生活的细心观察,如可调整的脚凳,人们使用计算机时可以将脚舒适地放在脚凳上。
　　(8) 不要对成百上千精选用户所填写的详细资料或群体调查有多大的兴趣,相反,跟踪几个有趣的人,善于发现"敢于突破规则的人",容忍他们的"疯狂",因为循规蹈矩不想丝毫改变的人起不到太大作用。
　　(9) "用动态的眼光看产品",将名词变成动名词也许会发现意想不到的问题,如在手机设计过程中,用关键词"使用手机"代替"手机"。
　　(10) 用 A 领域的技术来解决 B 领域的问题,这是一种"异花授粉"的解决方案,如用航天工业中的"热管"取代计算机中的风扇,不仅可以减少体积,而且没有噪声。
　　4. 列举创新法课程作业
　　课题:选取生活中你所熟悉的一件产品,如台灯、自行车等,运用列举创新的方法,进行创新设计。
　　具体要求如下:
　　(1) 选取熟悉的产品,对其进行优点、缺点列举,发现设计契机。
　　(2) 提出 5~10 个解决方案,用简单的草图或文字表现。
　　(3) 选取最具有价值的一个方案,进行深化设计。

3.2.2　组合创新

　　1. 组合创新的含义
　　将现有的科学技术原理、现象、产品或方法进行组合,从而获得解决问题的新方法、新产品的思维方法,称为组合法。例如,现在的手机是打电话、拍照、上网等功能的结合。日本创造学家菊池诚博士说过,"我认为搞发明有两条路,第一条是全新的发现,第二条是把已知原理的事实进行组合"。组合创新可以将有一定关联的两种和多种产品有机结合或者以一种产品为主把其他产品的不同功能移植到这种产品中,组成一种新的产品。新的产品具有全新的功能或使用者使用起来更加快捷。

例如,瑞士军刀是组合创新的典型产品。它具有超乎想象的功能组合,如"瑞士冠军"外观长 9.1cm、宽 2.6cm、厚 3.3cm,但在如此有限的尺度内紧凑设置的功能有 32 项之多,几乎可以满足人们旅游、宿营、考察或探险等户外活动的各种需要,而产品的质量只有 185g,便于携带(图 3.2.9)。

图 3.2.9　瑞士军刀

又如,生活中我们发现将图钉从布告栏上取下来比较困难,而且会弄破纸张,有的时候甚至会划破手指。由 Lee Yin-Kai 和 Wang Szu-Hsin 设计的这款产品将夹子和图钉合二为一,可以夹住纸张、不留痕迹,且方便拿取(图 3.2.10)。

图 3.2.10　既是图钉又是夹子的创新产品

再如,自行车被偷是一件十分烦恼的事情,来自设计师 Lee Sang Hwa 等人的创意,自行车车座可以当作车锁使用,只需将车座放倒卡住后轮,随后设置密码即可(图 3.2.11)。

图 3.2.11　自行车车座设计

2. 组合创新的误区

在进行组合创新的过程中,应避免以下误区。

(1) 组合创新不是将毫无关联或不相干的产品硬性结合,甚至生搬硬套。

(2) 并不是所有的新组合都是创新,创新的组合应该是那些与现有的某些产品或技术有较大区别并具有一定价值的组合。

3. 组合创新的方法

组合创新的方法有很多种,如不同功能的产品可以组合、不同材料或加工工艺的产品可进行组合、不同技术的产品也可进行组合。对组合创新的形式进行分类,分为同类组合和异类组合。

1) 同类组合

同类组合是组合法中最基本的类型,它往往是两种或两种以上相同或相近的技术、思想或物品组合在一起,获得功能更强、性能更好的新的产品。例如,情侣对梳就是将两把梳子进行组合,可以拼出的图案有蝴蝶、爱心等,从而变得具有趣味性(图 3.1.12)。

图 3.2.12 情侣对梳

2) 异类组合

异类组合包括材料组合、功能组合技术组合等多种形式。

(1) 材料组合。现有材料不能满足产品创新需求或具有某种缺陷,而与另一种不同性能的材料进行组合的创新(表 3.2.4)。

表 3.2.4 材料组合

图例		
材料	骨瓷+天然橡木材质	宣纸+木材

(2) 功能组合。将两个具有不同功能的产品进行组合形成新的产品,使其拥有两个产品的共同优点(表 3.2.5)。

表 3.2.5 功能组合

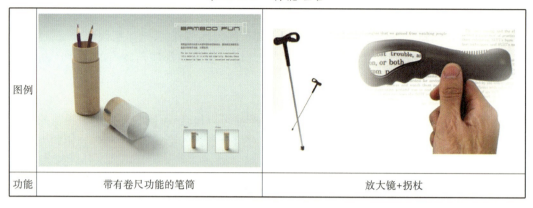

图例		
功能	带有卷尺功能的笔筒	放大镜+拐杖

（3）技术或现象组合。将不同的技术原理结合，并应用于产品设计中。日本索尼公司研究所山田敏之法门的著名磁半导体，就是运用技术组合的方法。他把"霍耳效应"与"磁阻效应"两种物理现象组合最后取得成功。

例如，由 Tso Chu-Hao 等人设计的水域救生系统 Life Light，是一款利用海水来提供电能，并结合 LED 照明技术设计的产品，可以在黑暗的夜里依旧发出明亮的光，为海上游泳者提供安全保障（图 3.2.13）。

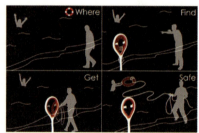

图 3.2.13 水域救生系统设计

由 Angela Jansen 设计的名为"轮廓"的磁悬浮台灯就是结合了磁悬浮技术与 LED 照明技术，并且整体造型给人一种复古与时尚的感觉，灯光亮度可通过轻触来调节（图3.2.14）。

图 3.2.14 磁悬浮台灯设计

4. 组合创新的步骤

组合创新的一般步骤如下:

(1) 确定设计对象以及设计对象的主要组成部分,编制形体特征表。确定的基本因素在功能上应是相对独立的。

(2) 元素分析。提取产品的特性元素,对其分析。

(3) 元素组合。根据设计对象的总体功能要求,分别把各因素一一加以排列组合,以获得所有可能的组合设想。

(4) 评价选择最合理的具体方案,选出较好的设计方案后进一步具体化,最后选出最佳方案。

5. 组合创新课程作业

课题:通过设计调研,确定一个设计对象,运用组合创新的方法,进行创新设计。

具体要求如下:

(1) 选取熟悉的产品,对其进行组合创新,发现设计契机。

(2) 提出 5~10 个解决方案,用简单的草图或文字表现。

(3) 选取最具有价值的一个方案,进行深化设计。

3.2.3 仿生创新

1. 仿生学与仿生设计

仿生学是研究生物系统的结构和性质,为工程技术提供新的思想观念及工作原理的科学。仿生学作为一门独立的学科,诞生于 1960 年 9 月。第一次仿生学会议在美国俄亥俄州的空军基地召开,并把仿生学定义为"模仿生物原理来建造技术系统,或者使人造技术系统具有类似于生物特征的科学"。

仿生学自问世以来,它的研究内容和领域迅速扩展,学科分支众多,如电子仿生、机械仿生、建筑仿生、化学仿生、人体仿生、分子仿生、宇宙仿生等。无论是宏观还是微观仿生学的研究成果都为科学技术的发展和人类生活幸福做出了巨大的贡献。例如,鲁班被锯齿状草叶割破皮肤后,受到启发,发明了锯子;亚历山大·贝尔根据耳朵的生理构造,想到声波引起耳膜震动,进而引起听小骨运动,把声音传入耳内的原理,从而发明了电话;通过模仿人的手和臂,而设计了挖土机;青蛙对运动物体有特别的察觉能力,仿照它研制了蛙眼电子器,监视机场的飞机起落。

某种意义上,仿生设计也是仿生学的一种延续和发展,一些仿生学的研究成果是通过工业设计的再创造融入人类生活的。但仿生设计主要是运用工业设计的艺术与科学相结合的思维与方法,从人性化的角度,不仅在物质上,更在精神上追求传统与现代、自然与人类、艺术与技术、个体与大众等多元化设计融合与创新。仿生设计的内容是模仿生物的特殊本领,利用生物的结构和功能原理来设计的,主要有形态、功能、色彩、结构、肌理等方面的仿生设计。

虽然仿生设计强调"仿生",但是仿生设计基础构成的核心是工业设计专业基础知识与能力,主要包括平面与立体的基础造型能力、设计表达能力、形态认知与设计思维知识、设计方法学、设计原理与程序等。这其中尤其强调与形态相关的认知、创造与评价的基础知识与能力的构建。另外,仿生设计还需要自然与社会科学知识的支持,如人机工程学、材料学、心理学、美学、仿生学、生物学等。所以,进行仿生设计需要先期的知识积累与准备,这样才能更好地发现生物的设计价值并把握机会进行设计。

2. 仿生设计的内容

1) 仿生物形态的设计

自然生物体包括动物、植物、微生物、人类等。在自然生物体所具有的典型外部形态认知的基础上,寻求对产品形态的突破与创新。仿生物形态的设计是仿生设计的主要内容,强调对生物外部形态美感特征与人类审美需求的表现。

仿生物形态设计如下:

(1) 记录、描绘与抽象、概括生物的形态特征。

(2) 直接模拟生物的特征。

(3) 生物特征的间接模拟与演变设计。

案例1:蛋椅

蛋椅(egg chair)是为哥本哈根皇家酒店的大厅以及接待区而被设计出来的。当时,雅各布森在家中的车库设计出蛋椅,这个卵形椅子从此成了丹麦家具设计的样本。蛋椅独特的造型,帮助人们在公共场所开辟一个不被打扰的空间,特别适合躺着休息或者等待,就跟家一样(图3.2.15)。

图3.2.15 蛋椅

案例2:日用品仿生设计

仿生物形态创新设计案例如表3.2.6所列。

表3.2.6 仿生物形态创新设计案例

| 原型 |  |  |

(续)

产品		
特点交集	穿山甲-背包→特点交集:坚硬-质量好-保护	花朵回形针
仿生处	最能体现特点的细节形态:穿山甲背部的鳞甲→简化鳞甲的形态用在背包上	整体的花瓣以及花蕾造型

案例3：汽车仿生设计

蛙眼造型是保时捷的设计经典。在保时捷911车系中,这个经典再次呈现,前大灯造型模仿了蛙眼的造型,这种独特的设计极大地吸引人们拥有与驾驭它(图3.2.16)。

图 3.2.16　青蛙与保时捷跑车

吉利熊猫汽车的造型融入了国宝"大熊猫"的元素,整体造型十分圆润,前大灯有一圈黑色轮廓,模仿了大熊猫的黑眼圈。尾灯则设计成一大四小的5个灯组,模仿了大熊猫的脚印(图3.2.17)。

图 3.2.17　熊猫与吉利熊猫汽车

2)仿生物表面肌理与质感的设计

肌理是物象表面质地的肌肤与纹理,包括纹理、颗粒、质地、光泽、痕迹等视觉表象,是各种物象不同触感的表层组织结构,是物象的一种客观存在表现形式,并具体入微地反映出不同物体的差异。

大自然中存在着大量不同的生物肌理,甚至一种生物就可能有好几种截然不同的色彩花纹与肌理。随着科学技术的发展,人们对自然科学的重视度越来越高,但至今为止仍仅研究了其中微不足道的一小部分,还有大量有趣的、未知的魅力肌理有待人类研究及利用。

自然肌理作为一种设计模拟素材的处理手段,是全面体现物体表面质感特性,体现被设计物的品质及风格的一项不可或缺的视觉要素。其成功的运用甚至被人们作为特定的风格及样式所肯定,并将它作为时尚前沿的组成部分。利用生物的肌理与质感是仿生产品设计的重要内容。

自然生物体的表面肌理与质感,不仅仅是一种触觉或视觉的表象,更代表某种内在功能的需要,具有深层次的生命意义。通过对生物表面肌理与质感的设计创造,增强仿生设计产品形态的功能意义和表现力(表3.2.7)。

表3.2.7 仿生物肌理创新设计案例

原型		
功能		
说明	仿表面肌理的杯子	利用半透明橡胶材料进行绿色喷涂的餐垫,模拟植物叶片的效果,更贴近自然的用餐体验

瑞士洛桑艺术与设计大学的毕业生 Deng QiYun 设计的这款名为 Graft 的餐具,是由生物塑料 PLA(一种基本由植物提炼而成的材料)制成的,其表面充满着自然植物的肌理美(图3.2.18)。

3)仿生物结构的设计

生物结构是自然选择与进化的重要内容,是决定生命形式与种类的因素,具有鲜明的

图 3.2.18　餐具设计

生命特征与意义。结构仿生设计通过对自然生物由内而外的结构特征的认知,结合不同产品概念与设计目的进行设计创新,使人工产品具有自然生命的意义与美感特征。

产品的结构是指用来支撑物体和承受物体重量的一种构成形式。任何形态都需要一定的强度、刚度和稳定的结构来支撑。鲁班根据野草的锯齿结构发明了锯子,很大程度上提高了伐木工的工作效率。可见,结构与功能有不可分的关系,功能是结构存在的必要前提,结构是实现功能的重要基础,两者相辅相成,缺一不可。

结构普遍存在于大自然的物体中。生物想要生存,就必须有一定的强度、刚度和稳定性的结构来支撑。一片树叶、一面蜘蛛网、一只蛋壳、一个蜂窝,看上去它们显得非常弱小,但有时却能承受很大的外力,抵御强大的风暴,这就是一个科学合理的结构在物体身上发挥出的作用。在人们长期的生活实践中,这些合理的自然界中的科学结构原理逐步被人们所认识,并最终获得发展和利用。

案例1:阿莱西开瓶器

该设计用人体的头、肩膀、身体之间的关节对应产品的结构,利用转轴等活动机构来实现产品外形结构的变化,从而实现产品的功能(图3.2.19)。

图 3.2.19　阿莱西开瓶器设计

案例2:高铁仿生设计

观察发现,翠鸟拥有一个流线形的长鸟嘴,其直径逐渐增加,以便让水流顺畅向后流动。通过仿生学设计,工程师们对子弹车头进行重新改造,日本铁路公司制造出了500系列列车,并于1997年投入使用。实践证明,这种列车的车速比起原有设计提升了10%,而电力消耗降低了 15%,噪声水平也有了显著下降(图 3.2.20)。

图 3.2.20　高铁列车设计

案例 3:鹿角插座

由日本 Nendo 设计公司出品的鹿角插座,不仅造型新颖美观,而且十分实用。鹿角的形态正好可以拖住充电设备,选取的材质结实耐用且质地舒适,可以避免对小朋友产生伤害(图 3.2.21)。

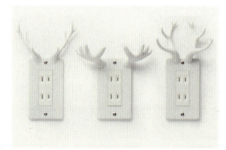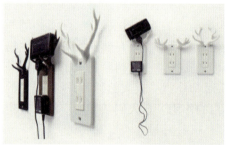

图 3.2.21　鹿角插座设计

4) 仿生物色彩的设计

不同的生物由于不同的时间、不同的环境、不同的目的都会有不同的色彩。不仅如此,每一块色彩都具有特殊的、不可替代的存在价值与地位,相互之间形成特定意义。古希腊时期对色彩的研究有"色彩是物质的最初表现形式"的表述。对自然生物来说,色彩首先传达的是生命的意义。

对生物色彩客观特征和自然属性及意义的模拟,在仿生学的领域里有许多研究成果和成功的应用案例。例如,科学家通过对蝴蝶缤纷的色彩,尤其是对翼凤蝶的荧光色丰富的变换特征的研究,利用蝴蝶的色彩在花丛中不易被发现的原理,在军事设施和军服上覆盖蝴蝶的色彩模拟其伪装功能。

对产品设计来说,生物色彩的模拟主要是在客观认知生物色彩的基础上,直接利用生物色彩的要素、形态、功能等关系特征,结合产品概念特征和设计目标的需要,对生物色彩的客观、自然特征和意义进行较为直观的模拟。

自然生物的色彩首先是生命存在的特征和需要,对设计来说,更是自然美感的主要内容。其丰富、纷繁的色彩关系与个性特征,对产品的色彩设计具有重要意义(图 3.2.22)。

(1) 色彩的情感倾向。
(2) 色彩的意义表达。

（3）民族的色彩含义。

图 3.2.22　迷彩色在军事设备上的应用

5）仿生物意象的设计

生物的意象是在人类认识自然的经验与情感积累的过程中产生的，仿生物意象的设计对产品语义和文化特征的体现具有重要作用。

仿生物意象产品设计是在对生物意象认知的基础上，通过产品体现人类对于自然中某特定生物形态的特定心理情感和审美反应，赋予产品丰富的语义和表情特征。

仿生物意象产品设计一般采用象征、比喻、借用等方法，对形态、色彩、结构等进行综合设计。在这个过程中，生物的意象特征与产品的概念、功能、特征以及产品的使用对象、方式、环境特征之间的关系决定了生物意象的选择与表现。

例如，深泽直人设计的如表3.2.8所列的这款手机，灵感来源于削了皮的土豆，有各种各样的棱角。这个设计的灵感来自于小时候的记忆，小时候削土豆皮之后，会有一些

表 3.2.8　仿生物意象创新设计案例

原型			
产品			
特点交集	削土豆-手机→意向交集：棱角-切面	房顶的烟囱-加湿器→使用状态交集：冒烟-出雾气	水波纹-玻璃→形态意向交集：有机形态

脏,然后把土豆往水里一放就会有很干净的感觉。把手机设计成这样,可以让大家回忆起这种记忆,会觉得很有感觉,都会去买。在该表中加湿器的设计,它的出水方式选择了小时候都见过的烟囱出烟的形式。将加湿器设计成这样,同样十分富有趣味,并勾起对童年的回忆,且有十分好的纪念意义。在该表中将水波纹的形态进行抽象,将其动态意向运用在玻璃制品上,带来灵动的有机形态。

捷豹是英国的一家豪华汽车生产商,其品牌自诞生之初就深受英国皇室的喜爱。这款汽车的气质和风格都象征了地表上最迅猛的动物——猎豹(图3.2.23)。

图 3.2.23　捷豹汽车设计

3. 仿生设计原则

(1) 艺术性与科学性相结合。尊重客观审美规律的同时,应用先进的科学技术进行设计的产品化与商品化。

(2) 功能性。产品合理、有效的基本功能和方便、安全、宜人等多层次功能的综合体现。

(3) 经济性。满足标准化、批量生产的产品设计,同时延长使用寿命、方便运输、维修及回收。

(4) 创造性。在概念、思维、方法、表现、使用等方面的独创性。

(5) 需求性。对不同的时间、地点、环境、年龄、人群等多元化需求的差异性设计,满足并创造需求。

(6) 系统性。对产品系统的认识、把握与创造。

(7) 资源性。通过设计追求自然资源、设计资源的无限可逆性循环利用。

4. 仿生设计的方法

设计的创造性思维是仿生设计的基础与核心。仿生设计是凭借设计师感性与直观的思维方法来主导设计方案,并采用理性与推理的思维方法来进行系统性、关联性的价值分析与评价。其设计的主要步骤如下:

(1) 寻找原型。

(2) 对原型的认知及理解。

(3) 概念发散。

(4) 概念表现。

5. 仿生创新课程作业

课题：选择一个仿生对象，并进行抽象提取，用于产品设计中。

具体要求如下：

（1）选取一个生物对象，进行抽象提取。

（2）提出5~10个草图方案，用简单的草图或文字表现。

（3）选取最具有价值的一个方案，进行深化设计。

3.2.4 联想创新

1. 联想创新的概念

什么是联想思维？根据马克思主义的认识论可知，由一事物想到另一事物的心理进化过程是联想；联想过程的多元化多层次比较、发展和完善过程则谓之联想思维。戈登是现代拟喻创造法的创始人，他说过，"天底下万事万物都是相互联系的，而创造过程其实就是制造出、想象出事物之间的这种联系"。

经验表明，联想思维是人类的一种高级思维方法。作家写长篇巨著，诗人写抒情散文，音乐家创作狂想曲等，都必须具备丰富的联想力，并运用联想思维实现理想的创作意境。"嫦娥奔月"是中国古代一个美丽的神话传说。古今中外还有许多作家都创作出了以人类飞向月球为题材的故事，这个人类的梦想终于在20世纪60年代末实现了，美国的"阿波罗"号宇宙飞船载着两名宇航员登上了月球（图3.2.24）。美国工业设计师诺曼·贝尔·盖茨（Norman Bel Geddes）1940年在"建设明天的世界"博览会中，代表通用汽车公司设计了"未来世界"展台，为未来的美国设计出环绕交错、贯穿大陆的高速公路，并预言："美国将会被高速公路所贯穿，驾驶员不用在交通信号前停车，而可以一鼓作气地飞速穿越这个国家"。尽管当时有许多人对此表示怀疑，甚至提出反对意见，但这一预言现在已变成现实。高速公路以其安全、快速、实用的功能和美观的造型遍布全世界，为大自然增添了一道独特的景观。任何事物都存在联系，有时设计师把毫不相关的事物强制性地放在一起联想，在不同中寻找相同，反而产生出充满吸引力和戏剧性的结果（图3.2.25）。

图3.2.24　阿波罗号宇宙飞船登月　　　　图3.2.25　环绕交错的高速公路

如果我们追溯一下工业现代史就不难发现，推进人类文明的许多发明和创造，最先都是源于科学家和产品设计师的丰富联想。例如，英国著名的工业设计师瓦特从已知的蒸汽顶力联想到设计具有启动性能的蒸汽发动机；由蒸汽发动机联想到用火的热效率作动力而改进为火热发电机,给现代工业输入强大电流。又如,19世纪末的法国发明家司徒路特丹通过观察苍蝇的飞动轻捷和滑翔自如的体态,联想到设计一种由人工驾驶的类似苍蝇功能的飞行物,以利用广阔无垠的宇宙空间为航线飞行,造福人类。于是,他通过解剖苍蝇的头部、双翅、腹部、尾翼等部位的不同功能,模仿设计出人类的第一架能离开地面滑行的简易飞行器。

创新思维的联想,不是胡乱的遐想、瞎想,联想创新是把一种掌握的知识与某种思维对象联系起来,从其相关性中得到启发,从而获得创造性设想的思维形式,是综合了设计师过去的经验而形成的。在已经存在的形象的基础上,通过联想形成新的形象。这就需要资料的广泛收集,掌握市场上同类产品和类似产品的信息。只有收集到更多全面的资料,认真分析,这样才可以利用新产品的发展方向和趋势,找出设计中的主要切入点和创新点,从而为联想提供丰富的材料和想象的基础,确定产品创新的成功率。

2. 联想创新的方法

(1) 接近联想法。设计者或发明者在时间、空间上联想到比较接近的事物,从而设计出新的产品或项目,称为接近联想法。例如,日本池田博士有一次喝汤时觉得味道十分鲜美,经过了解,是汤内放了海带。他想:海带里一定含有某种"鲜"的物质,因此对海带进行了深入分析,经过多次试验,最终得到了C_5H_9NO的结晶体,这正是鲜物质——谷氨酸,并由此发明了味精。再如,英国邓禄普医生看到儿子在鹅卵石路上骑车时颠簸得厉害,那时车胎还没有充气内胎,他担心儿子因此而受伤。后来,他在花园里浇水,手里感到橡胶水管的弹性,用水管制成了第一个充气轮胎。

(2) 对比联想法。发明者由某一事物的感知和回忆引起跟它具有相反特点事物的回忆,从而设计出新的发明项目,称为对比联想法。

(3) 发散联想法。在人们的心理活动中,一种不受任何限制的联想,这种联想往往能产生较多出奇、古怪、天马行空的概念,可能会收到意想不到的效果。例如,德国工程设计师詹姆斯则由水库落差产生的巨大水动力而联想发明出水力发电机组。这不仅使人类对自然资源利用提高了一大步,而且使发电的实际成本降低了许多。又如,鲨鱼皮表面充满了微小的沟槽,这可以帮助它们在水里游行时极大地减少阻力。航空工程师通过联想,将这一特点应用到了空客飞机的设计之中,同样也可以使飞机在飞行过程中减少阻力并降低能耗。

(4) 强制联想法。强制联想法对联想的过程和事物具有较多的限制条件,对联想的范围或条件进行要求。

3. 联想创新的操作方法

(1) 任意选择一件实物、一副图画、一件植物或一种动物,选择的项目与要解决的问题相差越远,激发出创新观念或独特见解的可能性越大(图3.2.26)。

(2) 详细列出你选择的项目的属性。

(3) 想出要解决的问题与选择的项目属性之间的相似性,用新观念与见解打开禁锢头脑创造力的枷锁,使思路开阔。

4. 联想创新课程作业

课题:选择一种植物作为联想对象,进行水杯的设计。

具体要求如下:

图 3.2.26　创新联想操作示例

(1) 选取一件植物,列出其属性,寻找与水杯之间的相似性。
(2) 提出 5~10 个草图方案,用简单的草图或文字表现。
(3) 选取最具有价值的一个方案,进行深化设计。

3.2.5　逆反创新

1. 逆反创新的概念

逆反创新是指采用与一般显示不同的或是相对立的思维方式,运用反向选择、突破常规和矛盾转化等方法获取意想不到的结果。

日本有一款由富士胶卷公司研制的新式照相机,风靡一时。通常照相时,都是一帧帧地把胶卷逐渐卷向一方,全部照完后再用小手柄把胶卷绕到另一方的暗盒中,以便取出后盖。如处理不当,结果往往造成整个胶卷报废。为解决这个问题,一位技术人员采用逆反创新的思路。他设想,当把胶卷装在照相机内的同时,让小电机预先把胶卷从暗盒侧卷绕在另一侧轴上。这样,使用者一帧帧地拍摄完,每拍完一张,胶卷就被卷进原来的胶卷暗盒中。

在现实生活中,运用逆反创新的设计屡见不鲜。例如,机场的电扶梯、运送带的设计,就是将地不动人动的常态转换成地动人不动的逆向状态。

案例 1:逆反设计在灯具上的应用

图 3.2.27 所示为位于日本东京的工作室 Design Studio YOY 设计的一款超有创意的灯具,有台灯和落地灯两种款式。但是,在这灯具上,你不会看到任何"物理"意义上的灯罩——只需要将其靠墙摆放,然后按下开关,光之灯罩就会在墙壁上投影出来。

案例 2:逆反设计在汽车设计中的应用

一般产品设计时往往都是通过效果图与工程图进行草模的制作,并对设计进行合理性验证。汽车的设计是先制作缩小版的油泥模型,再利用 3D 扫描仪对油泥模型进行扫

图 3.2.27　灯具设计

描获得模型点云,最后运用 3D 建模软件进行建模。这体现了逆反设计在汽车设计领域中的应用(图 3.2.28)。

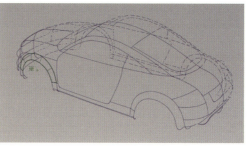

图 3.2.28　油泥模型在汽车设计上的应用

案例 3:逆反设计在 3D 打印领域的应用

由于 3D 打印机普遍较为昂贵,因此一般家庭无法承担,这对 3D 打印机的普及与发展十分不利。德国的"青蛙"公司设计的 MOD-t 仅需 250 美元,它的最大打印尺寸为 150mm×100mm×125mm,基本可以打印家庭所需的各种小物件。该 3D 打印机如此低的价格归功于设计师在设计时运用逆向思维。传统的 3D 打印机都是底座无法移动,而喷绘口可以进行三轴移动。MOD-t 采用了双轴传动系统,材料喷绘口只能上下移动,底座可以进行 x 轴/y 轴运动,这样的设计可以减少组件从而降低成本(图 3.2.29)。

图 3.2.29　逆反设计在 3D 打印领域的应用

2. 逆反思维的操作方法

(1) 选择任意一件产品。

(2) 对所选的产品有一个全面的了解。

(3) 选取一个角度,如使用方式或者表现形式,采取一种不同于常规的认知,用一种全新的思想进行设计,使其产生意想不到的效果。

3. 逆反创新课程作业

课题:选取生活中你所熟悉的一件产品,如电子秤、手表等,运用逆反创新的方法,进行创新设计。

具体要求如下:

(1) 选取熟悉的产品,对其进行各种属性的列举,发现设计契机。

(2) 提出 3~5 个解决方案,要求与以往的常规思想不同,并用简单的草图或文字表现。

(3) 选取最具有价值的一个方案,进行深化设计。

3.2.6 类比创新

1. 类比创新的概念

类比创新是指将两类事物加以比较并进行逻辑推理,比较两类事物之间的相似点或者不同点,采用同中求异或者异中求同的方法实现创新的一种技法。

2. 类比创新的方法

(1) 直接类比法。直接类比法是从已有的产品或现象中,找到与创新对象类比的现象或事物,从中获得启示,从而设计出新的产品(表3.2.9)。

表 3.2.9 类比创新案例

原型	新产品	原型	新产品
太阳能电池	太阳能灯、太阳能汽车	树叶的结构	雨伞
手动发电	手动发电手电筒	软性尺子	卷尺
飞鸟	飞机	游鱼	潜水艇

案例1:翼尖帆设计

鹰在飞行过程中,会将翅尖羽毛向上卷曲成近90°的直角,这能减少空气中的漩涡,增大升力。设计师通过类比将此性能应用到了飞机翼幅设计之中,使其增大升力和提高飞行效率(图3.2.30)。

图 3.2.30 飞机机翼设计

(2)间接类比法。间接类比法是指用非同一类的产品进行类比,进行产品创新的方法。使用间接类比法,可以扩展思维,从多角度进行创新。

案例2:荷花效应的应用

荷花效应是指荷叶表面的角质可以使其表面的雨水滚落并带走污浊以保持自身的清洁与干燥,人们通过类比将此特性应用在机舱卫生设备上,极大地提高了机舱的清洁度,并同时拥有节约水资源和减少能耗的优点(图3.2.31)。

图3.2.31 机舱卫生设备设计

(3)象征类比法。以事物的形象或者用能抽象出反映问题的词来类比问题,间接反映和表达事物的本质,以启发创造性设想的产生。例如,要设计一种计时的新工具,从"计时"这个词出发,首先想想有多少种计时工具,如沙漏、怀表、电子表、原子钟等,然后回过头来看这些计时工具的各种特点,并从中寻找最佳的方案。

(4)幻想类比法。幻想类比法是指通过幻想思维或者形象思维对创新对象进行比较从而寻求最佳的解决方案。例如,美国的阿塔纳教授和他的学生贝利,运用幻想类比法,发明设计出电脑,并制成了"阿塔纳索夫-贝利"计算机,即世界上第一台计算机。

3. 类比思维的操作方法

(1)选择类比对象。

(2)对相似点进行比较。

(3)加工与运用。

4. 类比创新课程作业

课题:选取生活中你所熟悉的一种事物,可以是一件产品,可以是一门技术,也可以是一种现象等,运用类比创新的方法,进行创新设计。

具体要求如下:

(1)选取熟悉的产品,对其进行全面的了解,并分析其部分特征是否可以运用到其他产品之中,从而发现设计契机。

(2)提出5~10个设计方案,并用简单的草图或文字表现。

(3)选取最具有价值的一个方案,进行深化设计。

3.2.7 换位思维

1. 换位思维的内涵

IDEO总裁兼首席执行官蒂姆·布朗认为,设计思维是一种以人为本的创新方式,它提炼自设计师积累的方法和工具,将人的需求、技术可能性以及对商业成功的需求整合在一起。

(1)理解"以人为本"。以用户为中心的设计是一种设计产品、系统的思想,它将人置于开发设计的中心。这种方法最先在人-机界面的人机工程学研究中提出的,试图设计出更加友好的人机界面。在产品设计中,设计师同样需要换位思考,从用户的角度出发来理解开发的产品。

(2)产品设计中的用户。乔布斯曾经说过,很多用户是不知道自己想要什么的,当你将东西做出来放在他面前,他会说:"这就是我想要的"。有关"用户"的定义是多样的,李乐山教授认为:产品的使用者就是用户。这包括个人产品、消费产品或服务类产品的使用者或接受者。

(3)从理解用户到获取用户需求。IDEO是一家世界领先的商业创新咨询公司。运用以人为本的方式,通过设计帮助企业和公共部门进行创新并取得发展。观察人们的行为,揭示潜在需求,以全新的方式提供服务(图3.2.32)。

图 3.2.32 IDEO 观察法(一)

设计师从观察生活、体验生活中获取灵感。设计师要亲自观察目标用户与产品、与周围的环境是怎样互动的,观察人们如何使用产品。通过观察,发现一些细节,可能也就是这些细节和被常人所忽略掉的行为,恰恰是设计师的一些切入点(图3.2.33)。

案例1:IDEO 为 Steelcase 设计 NODE 座椅

IDEO 与 Steelcase 携手合作,共同寻找并设计有助于改善教室体验的平台。设计团队在观察中发现,尽管教室的规模和密度急剧增长,但几十年来,这种带写字板的课桌椅却一直没有得到改良。这为 Steelcase 进驻教育市场带来了契机,通过产品设计,迅速改善座位排列和布局的现状。

为此,IDEO 开发了一系列相关的家具概念,并在设计完善阶段制作了各种实体尺寸的产品模型,邀请学生和老师一起加入模型测试,根据他们给出的反馈进行现场调节。最终,IDEO 交付了一个完整、可行的工业设计方案。Steelcase 根据这个方案加快了量产的进度,以确保产品推向市场的时机能与学校采购的周期同步。

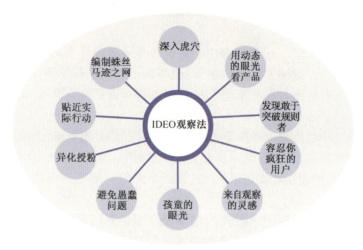

图 3.2.33　IDEO 观察法(二)

这项名为 NODE 座椅的产品赢得了广泛赞誉,它有效促进了学生之间的协作,帮助教育工作者根据不同的教学模式来调整教室布置,并能通过可灵活切换的多用途教学空间,帮助学校节省经费(图 3.2.34)。

图 3.2.34　NODE 座椅设计

案例 2：3D 打印 DNA 概念鞋

美国西雅图 Pensar 设计工作室设计了一双 DNA 概念鞋。与以往工业化背景下大批量生产的鞋子不同,它从用户的角度出发,以用户的需求为基础,进行量体裁衣,根据每个人足部的解剖学和生物力学数据来进行设计,并利用 3D 打印技术进行制作。

购买者首先要穿上一双装有压力传感器和加速计的测试鞋跑步一段距离来获取其运动方式的数据,然后根据这些数据进行计算机计算并量身定做出一个 3D 模型,最后通过 3D 打印机打印出这双独一无二的鞋,整个过程只需几个小时(图 3.2.35)。

案例 3：儿童梯子设计

梯子在日本家庭中应用十分广泛。来自西班牙瓦伦西亚的 Alegre Industrial Studio 从儿童的角度出发,在与儿童的交流接触中了解他们的偏好,包括形式色彩等,随后设计了

199美元。

在整个设计过程中,Normal设计公司秉承着5w2h的设计思想。此耳机的最大亮点以及设计初衷是为帮助消费者量身定制耳机,使他们佩戴舒适(why)。在功能方面没有过多的扩展,但在配置方面采用的是当下最高质量的耳机组件(what)。设计的对象为所有消费者(who)。使用的地点没有限制,可在任何场所(where)以及任何时间(when)使用,使用方式与一般的耳机相同(how)。整套服务售价为199美元(how much)(图3.2.37)。

图3.2.37　3D打印耳机

2. 系统思维的操作方法

(1) 对所要设计的产品,从5w2h这7个角度进行合理性与可行性考察。

(2) 将存在的难点疑点列出。

(3) 讨论分析,寻找改进措施,最后进行产品设计。

3. 系统思维创新课程作业

课题:选取生活中你所熟悉的一件产品,用系统设计的思维对其进行创新设计。

具体要求如下:

(1) 选取熟悉的产品,从5w2h角度对其进行全方位的分析,并得到一系列资料。

(2) 提出5~10个设计方案,基于所得到的数据资料,并用简单的草图或文字表现。

(3) 选取最具有价值的一个方案,进行深化设计。

第 4 章　创新思维方法

【教学基本要求】

1. 了解头脑风暴法的概念,掌握其流程、原则和整理分析方法。
2. 了解思维导图法的定义,掌握思维导图的绘制方法,了解思维导图法常用软件。
3. 了解 SET 因素分析法的内涵、方法。
4. 掌握 5w2h 法,了解奥本斯设问法及和田十二法。
5. 了解 TRIZ 理论的起源、内容,熟悉发明创造原理。

4.1　头脑风暴法

4.1.1　头脑风暴法的概念

头脑风暴法(Brainstorming)由美国创造学家奥斯本 A. F. 提出的,又称为脑轰法、智力激励法、激智法、奥斯本智暴法等,是一种激发群体智慧的方法。头脑风暴法可分为直接头脑风暴和质疑头脑风暴法。前者是在专家群体决策基础上尽可能激发创造性,产生尽可能多的设想的方法;后者则是对前者提出的设想、方案逐一质疑,发现其现实可行性的方法。头脑风暴法是一种集体开发创造性思维的方法。

头脑风暴在激发设计思维时的优势,根据 A. F. 奥斯本及其研究者的看法,主要有以下几点。

(1) 联想反应。在集体讨论问题的过程中,每提出一个新的观念,都能引发他人的联想。相继产生一连串的新观念,产生连锁反应,形成新观念堆,为创造性地解决问题提供更多的可能性。

(2) 热情感染。在不受任何限制的情况下,集体讨论问题能激发人的热情。人人自由发言、相互影响、相互感染,能形成热潮,突破固有观念的束缚,最大限度地发挥创造性的思维能力。

(3) 竞争意识。在有竞争意识的情况下,竞相发言,不断地开动思维,力求有独到见解、新奇观念。由心理学的原理可知,人类有争强好胜的心理,在有竞争意识的情况下,人的心理活动效率可增加 50%或更多。

(4) 个人欲望。在集体讨论解决问题的过程中,个人的欲望自由,不受任何干扰和控制,是非常重要的。每个人畅所欲言,提出大量的新观念。据国外资料统计,头脑风暴法产生的创新数量,比同样人数的个人各自单独构思要多,其对比关系如图 4.1.1 所示。

头脑风暴法还有很多"变形"的技法。例如,与会人员在数张逐人传递的卡片上反复地轮流填写自己的设想,称为"克里斯多夫智暴法"或"卡片法"。德国人鲁尔巴赫的"635

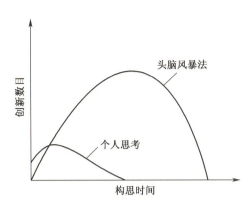

图 4.1.1　头脑风暴法创新数量对比关系图

法",6 个人聚在一起,针对问题每人写出 3 个设想,每 5min 交换一次设想,互相启发,容易产生新的设想。还有"反头脑风暴法",即"吹毛求疵"法,与会者专门对他人已提出的设想进行挑剔、责难、找毛病,以不断完善创造设想的目的。当然,这种"吹毛求疵"仅是针对"问题"的批评,而不是针对与会者的"人"。

4.1.2　头脑风暴法的基本流程

(1) 确定议题。一个好的头脑风暴法从对问题的准确阐述开始,必须明确需要解决什么问题,同时不要限制可能的解决方案的范围。比较具体的议题能使与会者较快产生设想,主持人也较容易掌握;比较抽象和宏观的议题引发设想的时间较长,但设想的创造性也可能较强。

(2) 会前准备。为了提高效率,应该收集一些资料预先提供给参与者,以便了解与议题有关的背景材料和外界动态。就参与者而言,在开会之前对于要解决的问题一定要有所了解,座位排成圆环形。另外,在头脑风暴正式开始前还可以出一些创造力测验题供大家思考,活跃气氛、促进思考。

(3) 确定人选。每一组参与人数以 8~12 人为宜。与会者人数太少不利于交流信息、激发思维;人数太多则不容易掌控会场,并且每个人发言的机会相对减少,也会影响会场气氛。图 4.1.2 所示为某头脑风暴法现场,人们呈圆圈而坐。

图 4.1.2　头脑风暴法现场

(4) 明确分工。要推选1名主持人，1~2名记录员。主持人的作用是在会议进程中启发引导，掌握进程，归纳某些发言的核心内容，提出自己的设想活跃会场气氛，让大家静下来认真思索片刻再组织下一个发言高潮等。记录员应将与会者的所有设想都及时编号并简要记录写在黑板等醒目处，让与会者能够看清。记录员也应随时提出自己的设想。

(5) 规定纪律。根据头脑风暴法的原则要集中注意力积极投入，不消极旁观，不私下议论，发言要针对目标且开门见山，不要客套也不必做过多的解释，参会者之间相互尊重、平等相待，切忌相互褒贬等。

(6) 掌握时间。美国创造学家帕内斯指出，会议时间最好安排在30~45min。如果需要更长时间，就应把议题分解成几个小问题分别进行专题讨论。经验表明，创造性较强的设想一般在会议开始10~15min后逐渐产生。

4.1.3 头脑风暴应遵循的原则

(1) 禁止批评和评论，也不要自谦。对别人提出的任何想法都不能批判、不得阻拦。即使自己认为是幼稚的、错误的，甚至是荒诞离奇的设想，也不得予以驳斥；同时也不允许自我批判，在心理上调动每一个与会者的积极性，彻底防止出现一些"扼杀性语句"和"自我扼杀语句"。例如，"这根本行不通""你这想法太陈旧了""这是不可能的""这不符合某某定律"以及"我提一个不成熟的看法""我有一个不一定行得通的想法"等语句，禁止在会议上出现。只有这样，与会者才可能在充分放松的心境下，在别人设想的激励下，集中全部精力开拓自己的思路。

(2) 目标集中，追求设想数量，越多越好。在头脑风暴会议上，只强制大家提设想，越多越好。会议以谋取设想的数量为目标。

(3) 鼓励巧妙地利用和改善他人的设想。这是激励的关键所在。每个与会者都要从他人的设想中激励自己，从中得到启示，或补充他人的设想，或将他人的若干设想综合起来提出新的设想等。

(4) 与会人员一律平等，各种设想全部记录下来。与会人员，无论是该领域的专家、员工，还是其他领域的学者，以及该领域的外行，一律平等；各种设想，无论大小，甚至是最荒诞的设想，记录人员也应该认真地将其完整地记录下来。

(5) 主张独立思考，不允许私下交谈，以免干扰别人思维。

(6) 提倡自由发言，畅所欲言，任意思考。会议提倡自由奔放、随便思考、任意想象、尽量发挥，主意越新、越怪越好，因为它能启发人推导出好的观点。

(7) 不强调个人的成绩，应以小组的整体利益为重，注意和理解别人的贡献，人人创造民主环境，不以多数人的意见阻碍个人新观点的产生，激发个人追求更多更好的主意。

(8) 延迟评判，当场不对任何设想作出评价。既不能肯定某个设想，也不否定某个设想，也不对某个设想发表评论性的意见。一切评价和判断都要延迟到会议结束以后才能进行。

4.1.4 整理分析

获得大量与议题有关的设想，任务只完成了1/2，更重要的是，对已获得的设想进行整理分析以便选出有价值的创造性设想。首先将所有提出的设想编制成表，简洁明了地说明每一设想的要点,然后找出重复的和互为补充的设想并在此基础上形成综合设想,最后提出对设想进行评价的准则。

一般可将设想分为实用型和幻想型两类。前者是指现在技术工艺可以实现的设想,后者是指现在的技术工艺还不能完成的设想。对实用型设想,需要再用头脑风暴法进行论证、进行二次开发,进一步扩大设想的实现范围。对幻想型设想,通过进一步开发,有可能将创意的萌芽转化为成熟的实用型设想。这是头脑风暴法的一个关键步骤,也是该方法质量高低的明显标志。

4.1.5 质疑头脑风暴法

质疑头脑风暴法是对每一组或每一个设想,编制一个评论意见一览表以及可行设想的一览表。遵守的原则与头脑风暴法一样,只是禁止对已有的设想提出肯定意见,而鼓励提出批评和新的可行设想。质疑头脑风暴法要求参会者对每一个提出的设想都要进行质疑,并全面评论。评论的重点是研究有碍设想实现的所有限制性因素,对已提出的设想无法实现的原因进行论述,并且提出如果要使设想成立,则必须增加或者修改的要素。最后,对质疑过程中提出的评价意见进行评估,以便形成一个对解决所讨论问题可行的最终设想。

4.1.6 案例

头脑风暴是一种技能、一种艺术,它提供了一种有效的、就特定主题集中注意力并与思想进行创造性沟通的方式,对于学术主题探讨、日常事务的解决或者设计,都不失为一种有效的方法。

案例一:

美国北方严寒大雪,大跨度的电线经常被积满的冰雪压断,严重影响通信。长期以来,许多人都试图解决这一问题,但一直没有找到有效的解决方法。后来,电信公司来自不同专业的技术人员进行头脑风暴座谈会,按照头脑风暴应该遵循的规则展开了讨论。有人提出设计一种专用的电线清雪机,有人想到用电热来化解冰雪,也有人建议用振荡技术来清除积雪,还有人提出能否带上几把大扫帚乘坐直升机去扫电线上的积雪。对于这种"坐飞机扫雪"的设想,大家心里尽管觉得滑稽可笑,但在会上也无人提出批评。相反,有一个工程师在听到用飞机扫雪的想法后,大脑突然冒出灵感,产生了另一种简单可行且高效率的清雪方法。他想,每当大雪过后,出动直升机沿积雪严重的电线飞行,依靠高速旋转的螺旋桨即可将电线上的积雪迅速扇落。于是,他马上提出"用直升机扇雪"的新设想。顿时,又引起其他与会者的联想,有关用飞机除雪的设想一下子又多了七八条。不到1小时,与会的10名技术人员共提出90多条新设想。会后,专家对设想进行分类论证,他们认为设计专用清雪机,采用电热或电磁振荡等方法清除电线上的积雪,在技术上虽然可行,但研制费用大、周期长,一时难以见效。那种因"坐飞机扫雪"激发出来的几种设想,只要提供相应的技术和资源支持,将是一种既简单又高效的好办法。最后,经过现场试验,发现用直升机扇雪真能奏效,一个久悬未决的难题,终于在头脑风暴会中巧妙地得到了解决。

案例二：

某蛋糕厂为了提高核桃壳裂开时核桃仁的完整率，对"如何使核桃壳裂开时核桃仁而不破碎"进行了一次小型的头脑风暴会议，会上大家提出了近100个奇思妙想，但似乎都没有实用价值。其中有一个人提出："培育一个新品种，这种新品种在成熟时，自动裂开"。当时认为这是天方夜谭，但有人利用这个设想的思路继续思考，想出了一个核桃仁被完好无损取出简单有效的好方法：在外壳上钻一个小孔，灌入压缩空气，靠核桃内部压力使核桃壳裂开。

4.2 思维导图法

4.2.1 思维导图的定义

思维导图又称为心智图(mind map)、概念图，是英国著名作家托尼·巴赞发明的一种创新思维图解表达方法。它是一种表达发散性思维的有效图形思维工具，协助人们在科学与艺术、逻辑与想象之间平衡发展，从而开启人类大脑的无限潜能。思维导图是一种将放射性思考具体化的方法，每一种进入大脑的资料，无论是感觉、记忆还是想法，甚至包括文字、数字、符码、食物、香气、线条、颜色、意象、节奏、音符等，都可以成为一个思考中心，并由此中心向外发散成千上万的关节点，每一个关节点代表与中心主题的一个连接，而每一个连接又可以成为另一个中心主题，再向外发散成千上万的关节点。

在设计过程中，利用思维导图的方法进行思考具有以下作用。

(1) 有利于拓展思维主体(设计师)的思维空间，帮助设计师养成立体性思维的习惯。思维导图强调设计师必须围绕设计目标从各个方面、各个属性、全方位，综合、整体地思考设计问题。这样，设计师的思维就不会局限于某个狭小领域，造成思考角度的定势以及思考结果的局限性、肤浅性。

(2) 有利于设计师准确把握设计主题，并有效识别设计关键要素。思维导图可以帮助设计师从复杂的产品相关因素中识别出与设计主题相关联的关键要素。通过分析和比较各项因素的主次、强弱，从而形成完整、系统地解决设计问题的思路图，帮助设计师透过复杂零乱的事物表面把握其深层的内在本质。

(3) 有利于设计交流与沟通。思维导图将隐含在设计事物表层现象下的内在关系和深层原因通过其特征比较和连接，以简洁、直观的方式表达出来，使受众可以迅速、准确地理解设计师思考问题的角度、范围，增强设计方案的说服力。

4.2.2 思维导图绘制方法

准备一张大纸或黑板，在正中间用一幅图像或一个关键词表达出中心主题。根据对中心主题的理解，把脑子里想到的各类信息写下来或画下来，这一类信息称为一级信息。每一个信息用小圆圈圈起来，围绕在中心主题四周。把一级信息圈和中心主题连接起来。同理，把从每个一级信息联想到的关键词再次标注下来，称为二级信息。把二级信息圈和一级信息圈相关的主题相连，依次不断衍生，就像一棵茁壮生长的大树，树权从主干生出，向四面八方发散。图4.2.1所示为某思维导图示例。

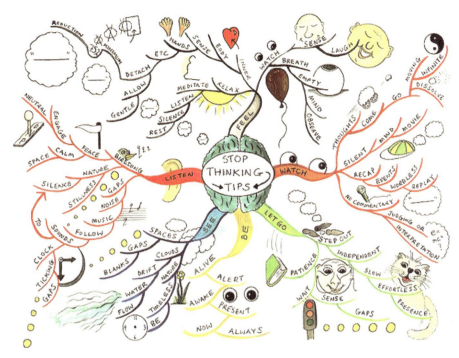

图 4.2.1 思维导图示例

思维导图强调融图像与文字的功能于一体,一个关键词会使思维导图更加醒目,更为清晰。每一个词汇和图形都像一个母体,繁殖出与它自己相关的、互相联系的一系列"子代"。就组合关系来讲,每一个词都是自由的,这有利于新创意的产生。例如,中心主题写下了"大海"这个词,你可能会想到蓝色、海鸥、阳光、沙滩、孩子,可能会想到童话、渔民、金色、美人鱼等这些关键词。根据联想到的事物,从每一个关键词上又会发散更多的连线,连线的数量取决于所想到的东西的数量。所以,参与的人越多、学科领域越广、人员差异越大,展开空间越丰富。

托尼·巴赞在《思维导图放射性思维》中,对思维导图的制作规则进行了详细的归纳和总结。根据托尼·巴赞的研究以及我国有关专家对思维导图所作的相应研究,思维导图的制作可以参考以下几点。

(1) 突出重点。中心概念图或主体概念应画在白纸中央,从这个中央开始把能够想起来的所有点子都沿着它放射出来;整个思维导图尽可能使用图形或文字来表现;图形应具有层次感,思维导图中的字体、线条和图形应尽量多一些变化;思维导图中的图形及文字的间隔要合理,视觉上要清晰、明了。

(2) 使用联想。模式的内外要进行连接时,可以使用箭头;对不同概念的表达应使用不同的颜色加以区别,以避免出现一个混乱、难以读懂的图。

(3) 清晰明了。每条线上只写一个关键词;关键词都要写在线条上;线条与线条之间要连上;思维导图的中心概念图应着重加以表达。如果生成了一个附属的或者分离的图,那么就要标识这个图并且将它和其他图连接起来。

4.2.3 思维导图常用软件

目前,有一些软件能帮助设计者快速探索思路,如 MindManager、XMind、FreeMind 等。

（1）MindManager。MindManager 是一个创造、管理和交流思想的通用标准，其可视化的绘图软件有着直观、友好的用户界面和丰富的功能，将帮助设计师有序地组织思维、资源和项目进程。图 4.2.2 为 MindManager 界面。

图 4.2.2　MindManager 界面

MindManager 是一个易于使用的项目管理软件，能很好地提高项目组的工作效率和小组成员之间的协作性。它作为一个组织资源和管理项目的方法，可从脑图的核心分枝派生出各种关联的想法和信息。与同类思维导图软件最大的优势是 MindManager 软件与 Microsoft 软件可以无缝集成，快速将数据导入或导出到 Microsoft Word、PowerPoint、Excel、Outlook、Project 和 Visio 中，方便切换。

MindManager 越来越接近人性化操作使用，已经成为很多思维导图培训机构的首选软件，而且在 2015 年度 Bigger plate 全球思维导图调查中再次被投票选取为思维导图软件用户首选。

（2）XMind。XMind 是一个开源项目，意味着它可以免费下载并自由使用。XMind 绘制的思维导图、鱼骨图、二维图、树形图、逻辑图、组织结构图等以结构化的方式来展示具体的内容，具有内置拼写检查、搜索、加密，甚至是音频笔记功能。人们在用 XMind 绘制图形时，可以时刻保持头脑清晰，随时把握计划或任务的全局，可以帮助人们在学习和工作中提高效率。图 4.2.3 为 XMind 界面。

图 4.2.3　XMind 界面

（3）FreeMind。FreeMind 是一款跨平台的、基于 GPL 协议的自由软件，用 Java 编写，是一个用来绘制思维导图的软件。其产生的文件格式后缀为 .mm，可用来做笔记、脑图记录、脑力激荡等。FreeMind 包括了许多让人激动的特性，其中包括扩展性、快捷的一键展开和关闭节点，快速记录思维，多功能的定义格式和快捷键。图 4.2.4 为 FreeMind 界面。

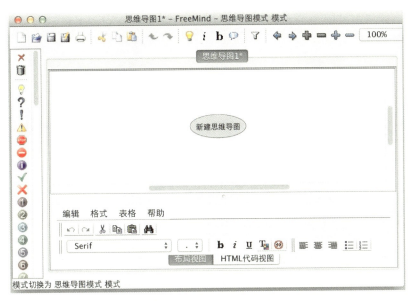

图 4.2.4　FreeMind 界面

此外，还有 iMindMap、MindMapper、NovaMind、Coggle、Mindmaps、MindMeister、Mindnode、Bubbl.us、Text to Mind、Popplet、WiseMapping、MindMap、Stormboard、Wridea、Mindomo 等思维导图软件可供选择。

4.2.4　案例

下面通过一个案例来进一步说明思维导图在产品设计中的应用。该产品是一种探测并显示高尔夫球位置的装置。当完成击球动作后，无论球是否处在边线范围之内，都可以通过该装置显示高尔夫球所在的位置。对于该设计项目，设计人员通过讨论认为其核心概念是显示球的最终落点。基于此种认识，设计人员就"探测球所在位置"这一功能用思维导图展开研究。表 4.2.1 列出了一个经讨论得出的方案，从中可以发现其涉及的范围十分广泛，这种研究一直延续到产生更为深入细致的构想为止。图 4.2.5 是运用思维导图法记录的设计构想发展的过程。

表 4.2.1　探测高尔夫球位置的部分功能构想列表

颜色鲜艳的球	烟轨迹
电子隔栅定位	短球场
球上有发生器	轻击式高尔夫
可爆球体	有 10m 设着弹点
高尔夫经验	有色球场

(续)

GPS 系统	轨道计算系统
人探测气味	自动击球臂
狗探测气味	球上有微型照相机
模拟高尔夫	发光球
压力感应地面	球道侧玻璃墙
球上系统	漏斗形球道
	扬声器置于球上,用话筒呼叫

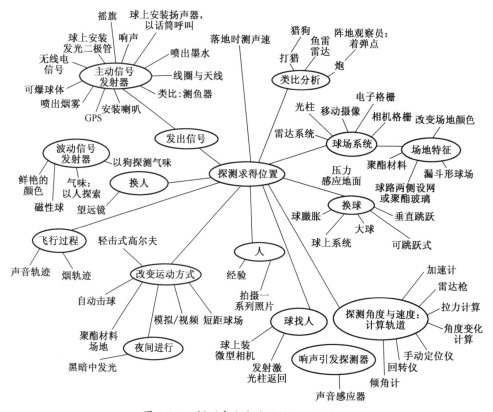

图 4.2.5　探测高尔夫球位置的思维导图

4.3　SET 因素分析法

4.3.1　SET 因素的概念

在 SET 因素中:S 是指社会因素(social),E 是指经济因素(economic),T 是指技术因素(technological)。SET 因素分析是通过分析这 3 个方面的因素识别出新产品开发趋势,并找到匹配的技术和购买动力,从而开发出新的产品和服务,如图 4.3.1 所示。SET 因素主要应用在产品机会识别阶段,通过对社会趋势、经济动力和先进技术 3 个因素进行综合分析研究。

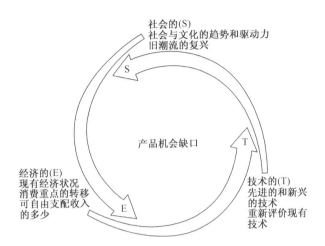

图 4.3.1　对社会-经济-技术因素的审视可导向产品机会缺口

(1) 社会因素。社会因素集中于文化和社会生活中相互作用的各种因素,包括家庭结构、工作模式、健康因素、政治环境、计算机和互联网的运用、运动和娱乐、与体育相关的各种活动、电影、电视等娱乐产业、旅游、环境、图书、杂志、音乐等。

(2) 经济因素。经济因素主要是指消费者拥有的或者希望拥有的购买能力,称为心理经济学。经济因素受整体经济形势的影响,包括国家的贷款利率调整、股市震荡、原材料消耗、实际拥有的可自由支配收入等因素。在经济因素中,开发团队在寻求机会缺口时比较关注的还有谁挣钱、谁花钱、挣钱的人愿意为谁花钱等因素。随着社会因素的改变,人们的价值观、道德观、消费观在改变,经济因素也在变化。

(3) 技术因素。技术因素是指新技术、新材料、新工艺和科研成果,以及这些成果所包含的潜在能力和价值等因素。技术因素是一项创新产品开发的强大动力,世界上许多非凡的有创造力的技术,如计算机技术、网络技术、基因研究成果等完全改变了人类的生活方式。

SET(社会-经济-技术)因素随时可以产生影响人们生活方式的新的产品机遇。我们的目标是通过了解这些系列因素识别新的趋势,并找到与之相匹配的技术和购买动力,从而开发出新的产品或服务。

SET 系列因素的改变带来了产品机会缺口。产品机会缺口被识别之后,其挑战是把它转化成新产品的开发或对现有产品的重大改进。这两种情况下,产品都是新美学和由新技术所带来的种种可能功能特征的混血儿,而且与顾客喜好的转变相适应。Apple iMac G3 计算机(苹果公司 1998 年推出的新型计算机)成功地填补了一个产品机会缺口,如图 4.3.2 所示。通过对显示屏和 CPU(中央处理器)的一体化设计,应用一系列带有鲜明糖果颜色的透明塑料,iMac G3 计算机很快发展成为一种比其他计算机更好用,也更有趣的计算机。

图 4.3.2　苹果 iMac G3 计算机

4.3.2　案例

美国 OXO 公司生产的家庭用品一向都是消费者眼中的王牌产品,OXO 公司也一直是美国人引以自豪的颇具创意的公司。这家公司起步于厨房削皮器的改良设计,如图 4.3.3 所示,这款产品获得了数不清的奖项。

工业革命初期,普通削皮器(图 4.3.4)的出现不亚于水陆军用平底车一样的技术革新。从那以后 100 多年来它从未有过变化。Sam Farber 是一位企业家,他意识到使用舒适性和使用者的人格尊严是改善厨房用具的两个关键因素。他的洞察力来源于他患有关节炎的妻子。他的妻子虽然喜欢烹饪,但是她发现几乎所有用来做烹饪准备工作和烹饪的工具用起来都很不方便,尤其对她患有关节炎的手而言。她觉得使用一些难看、粗糙的工具似乎是对有生理障碍的人的一种不尊重和歧视。这些产品很少考虑如何方便使用和如何减轻使用负担等问题。因此,这个产品的机会不仅仅是设计使用方便和便于抓握的厨房用具,还必须体现一种新的美学观念,从而不至于让人们觉得自己被当作"残疾人"对待。按照这种标准,削皮器就有了可以获得改进的机会。

图 4.3.3　OXO 削皮器

图 4.3.4　普通削皮器

SET 因素使 OXO 削皮器成为在适当的时候出现的合适的产品,如图 4.3.5 所示,其中 4 个主要方面的因素如下:

(1) 美国公众开始关注有生理障碍的人的需求。

(2) 这些有生理障碍的人也要求产品能够根据他们的特定需要而设计。

(3) 大市场经营模式逐渐转化成小市场经营——那种使普通削皮器延续了超过 100

年的"一种产品满足所有人需求"的观念已经被市场分割的手段所取代。

（4）更多的人开始追求更高品质的家庭用具，尤其是厨具。

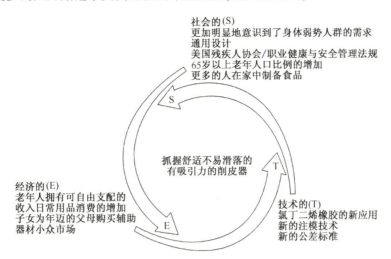

图 4.3.5　OXO 削皮器的社会–经济–技术因素

从图 4.3.6 可以看出，OXO 削皮器产品综合了美学、人机工程学、便于加工和材料应用等方面的成功属性。

（1）材料选择上，充分利用氯丁二烯橡胶这种材料的表面摩擦力和弹性，使手柄紧紧地固定在塑料型芯上。

（2）型芯的延伸部分形成了刀片外的保护板，遮护挡板同时还用来作为整个结构中唯一金属构件，即刀片的托架。刀片使用了比传统所有削皮器都更锋利而且寿命更长的优质金属。

（3）顶端尖的部分可以用来剔除土豆的芽眼。

（4）削皮器尾部的大直径埋头孔，既可以方便挂放，也使得手柄不会显得过于笨重，从而增加了它的美感，和鳍片一起，埋头孔让削皮器有了一种现代的造型。

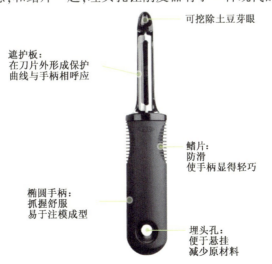

图 4.3.6　OXO 削皮器产品细节

产品开发者对各种因素的洞察力、成功的设计、合理的材料选择以及加工工艺一起促成了这样一个优秀产品的诞生,并且重新定义了厨房器具。

4.4 设问法

大多数人看见美丽的花时会说:"多美的花",只有少数人会继续发问,"花为什么会这样美""为什么花会开在这里",并积极地寻求答案。设问法实际上就是一张提出了问题的单子,通过各种假设性的提问寻找解决问题的途径。

设问法主要用于新产品开发过程中,通过对已有产品、事物的提问,发现产品设计、制造、使用、营销等过程中需要改进的地方,从而激发设计创意。设问法比较灵活,可以就一个问题从多个角度思考,为产品开发的成功提供多种渠道,是一种非常实用的创新思维方法。

设问法之所以被广泛地应用在技术开发、产品开发领域,是因为它具有的优点:一是它克服了人们不愿意提出问题的心理障碍;二是设问法从内容和程序上引导人们从多方面、多角度思考问题,广开思路,为创造性解决问题敞开了大门。该方法对于解决一些小问题效果显著,而对于一些复杂大问题的解决,它可以使问题简单化、明朗化,缩小探索的范围。

4.4.1 5w2h 法

5w2h 法是美国陆军首创。这源于美国军队里对于任何需要上报或追究的事情,都要从何事(what)、何地(where)、何时(when)、何人(who)、何故(why)、如何(how to)、多少(how much)7 个方面进行汇报、了解和分析,于是便总结出该提问法(图 4.4.1)。

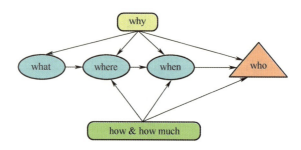

图 4.4.1　5w2h 的关系

在工业设计中 5w2h 法主要针对与产品相关的 7 个方面进行设问,问题的回答将有助于设计师认清本质,针对性地解决问题。"5w2h"具体描述如下:

Why——为什么?为什么要这么做?理由何在?原因是什么?
What——是什么?目的是什么?做什么工作?
Where——何处?在哪里做?从哪里入手?
When——何时?什么时间完成?什么时机最适宜?
Who——谁?由谁来承担?谁来完成?谁负责?
How——怎么做?如何提高效率?如何实施?方法怎样?

How much——多少？到什么程度？数量如何？质量水平如何？费用产出如何？

4.4.2 奥斯本设问法

奥斯本设问法又称为奥斯本检核表法，是美国 A. F. 奥斯本博士提出的一种创新思维方法。它是把已规范化的相关内容列为表格，按一定的程序，对研究对象从不同角度加以审视和研究，从而形成新的构想或设计。

与"5w2h"设问法相比较，"奥斯本设问法"的提问更加具体、明确。针对产品的设计问题可以归结为以下方面。

（1）扩展。思考现有的产品（包括材料、方法、原理等）还有没有其他的用途，或者稍加改造就可以扩大它们的用途。例如，汉代已有，唐代盛行于布依族、苗族、瑶族、仡佬族等民族中的蜡染印染工艺，虽然历史悠久、工艺独特，但是主要以蓝色为主，仅用以做少数民族穿戴的衣裙、包单等。现在蜡染已经发展成多色，因此在艺术、服装、室内装饰等方面应用。蜡染也不仅在白布上印染，还发展到丝、麻等材料印染，在国内外越来越受欢迎。图 4.4.2 所示为苗族蜡染工艺和作品。

图 4.4.2　苗族蜡染工艺和作品

（2）借鉴。对现有创新的借鉴、移植、模仿。例如，超声波可以击碎石头，借鉴到人类的结石，就可以用在医疗领域上；灯泡可以用来照明，联想到跟太阳光类似，可以用在蔬菜大棚种植上。

（3）变换。对现有的发明在结构、颜色、味道、声响、形状、型号等方面进行改变。例如，美国的沃特曼对钢笔尖结构作了改革，在笔尖上开个小孔和小缝，使书写流畅，因此他成为钢笔大王；1898 年，亨利·丁根将滚柱轴承中的滚柱改成圆球形，从而发明了滚珠轴承。

（4）强化。对现有的发明进行扩大，如增加一些东西、延长时间、长度，增加次数、价值、强度、速度、数量等。奥斯本指出，在自我发问的技巧中，研究"再多些"与"再少些"这类有关联的成分，能给想象提供大量的构思线索。巧妙地运用加法乘法，可以大大拓宽探索的领域。例如，在两块玻璃中间加入钢丝，可以做成防碎玻璃；加入电热丝，生产了电热玻璃。

（5）压缩。对现有发明缩小、取消某些东西，使之变小、变薄、减轻、压缩、分开等，这是与上一条相反的创新途径。例如，笔记本电脑是否可以变小、变薄？于是，有了我们使用的超薄型笔记本电脑和平板电脑,如图 4.4.3 所示。

图 4.4.3　轻薄的笔记本电脑

（6）替代。现有发明的代用品,如可以用其他原理、能源、材料、元件、工艺、动力、方法、符号、声音等来代替。例如,电动汽车生产厂商以电力替代汽油,设计生产的电动汽车实现了尾气的零排放,如图 4.4.4 所示。

图 4.4.4　电动汽车

（7）重新排列。现有的发明通过改变布局、顺序、速度、日程、型号,掉换元件、部件互换等,进行重新安排往往会形成许多创造性设想。例如,服装的面料、花型、领子、袖子、袖口等稍作变换,就会设计出许多新颖的款式出来。

（8）颠倒应用。可否颠倒、反转使用。例如,保温瓶用于冷藏,风车变成螺旋桨,车床切削是工件旋转而刀具不动等都是颠倒应用创新的案例。

（9）组合。现有的几种发明是否可以组合在一起,有材料组合、元部件组合、形状组合、功能组合、方法组合、方案组合、目的组合等。例如,儿童推车,可以让儿童坐、靠、躺,既可以是座椅,又可以是躺椅。

4.4.3　和田十二法

和田十二法又称为"和田创新法则"（和田创新十二法）,是我国学者许立言、张福奎在奥斯本稽核问题表的基础上,借用其基本原理,加以创造而提出的一种思维技法。它既是对奥斯本稽核问题表法的一种继承,又是一种大胆的创新。例如,其中的"联-联""定-定"等,就是一种新发展。同时,这些技法更通俗易懂、简便易行,便于推广。

（1）加一加。加高、加厚、加多、组合等。例如,把公交车加高一层,成为双层车厢。

（2）减一减。减轻、减少、省略等。例如,把眼镜镜片减小,又减去镜架,创造出隐形眼镜。

(3) 扩一扩。放大、扩大、提高功效等。例如,在烈日下,母亲抱着孩子还要打伞,实在不方便,能不能特制一种母亲专用的长舌太阳帽,这种长舌太阳帽的长舌扩大到足够为母子二人遮阳使用呢?

(4) 变一变。变形状、颜色、气味、音响、次序等。例如,用漏斗往热水瓶灌水时常常憋住气泡,使得水流不畅。若将漏斗下端口由圆变方,那么,往瓶里灌水时就能流得很畅快,也用不着总要提起漏斗了。

(5) 改一改。改缺点、改不便、不足之处。例如,按键式手机改为触摸屏手机。

(6) 缩一缩。压缩、缩小、微型化。例如,把雨伞的伞柄由一节改为两节、三节,雨伞就便携多了,如图 4.4.5 所示。

图 4.4.5　长柄雨伞和折叠雨伞

(7) 联一联。原因和结果有何联系,把某些东西联系起来。澳大利亚曾发生过这样一件事,在收获季节里,有人发现一片甘蔗田里的甘蔗产量提高了 50%。这是由于甘蔗栽种前一个月,有一些水泥洒落在这块田地里。科学家们分析后认为,是水泥中的硅酸钙改良了土壤的酸性,而导致甘蔗的增产。这种将结果与原因联系起来的分析方法经常能使我们发现一些新的现象与原理,从而产生发明。由于硅酸钙可以改良土壤的酸性,因此人们研制出了改良酸性土壤的"水泥肥料"。

(8) 学一学。模仿形状、结构、方法,学习先进。例如,鲁班被茅草割伤了手,于是模仿茅草边缘的小齿发明了锯子。

(9) 代一代。用别的材料代替,用别的方法代替。例如,塑料代替金属可以减轻重量,火车代替汽车可以跑得跟快,银行卡代替现金可以更安全。

(10) 搬一搬。移作他用,如把激光技术搬一搬,就有了激光切割;照明灯搬一搬,就有了信号灯、灭虫灯。

(11) 反一反。能否颠倒一下,如走楼梯很累,如果让楼梯动而人不动,出现了自动扶梯。

(12) 定一定。定个界限、标准,能提高工作效率。企业在设计、管理、工艺、产品定型等方面制定出一定的章程和标准,保证产品的质量和数量、品种。

4.4.4　案例

案例 1:

某航空公司在机场二楼开设一个小卖部,生意相当冷清。问题出在哪里?开发部门运用 5w2h 法分析了原因,提出了改进建议。

(1) 按 5w2h 法分析原因,先检核 7 个要素。

Who——谁是顾客？

Where——小卖部设在何处？顾客是否经过此处？

When——顾客何时来购物？

What——顾客购买什么？

Why——顾客为何要在此处购物？

How——怎样方便顾客购物？

How much——需要花多少钱？

（2）分析关键因素，找出原因。

Who：究竟谁是顾客？是出入境的顾客？还是接送客人的人？显然，小卖部应该把出入境的乘客当主顾才对。

Where：小卖部设在何处才好？出入境者经海关检查后，都从一楼通道离去，根本不需要走二楼。因此，应将小卖部设在乘客的必经之路上。

When：出入境的乘客何时购物？只有当他们的行李到海关检查交付航空公司之后，才有心情去逛逛小卖部。

（3）针对以上问题，提出改进措施。

案例2：

用和田十二法创新自行车(表4.4.1)。

表4.4.1 用和田十二法创新自行车

序号	内容	设想名称	简要说明
1	加一加	自行车反光镜	自行车头上安装折叠式反光镜
2	减一减	无链条自行车	取消链条，把踏脚改为上下运动
3	扩一扩	水陆两用车	在车两侧装上4个气囊
4	缩一缩	折叠式自行车	折叠后缩小体积，便于拎上楼
5	变一变	助动式自行车	安装大型发条，骑车时放松发条助力
6	改一改	可转动自行车	停车场车多时转动车龙头就可拿出
7	联一联	多功能自行车	用自行车抽水，自行车给作物脱粒
8	学一学	电动式自行车	安装蓄电池和小电动机
9	代一代	塑料式自行车	用碳纤维塑料做成的车架取代金属车架
10	搬一搬	健身自行车	用于老年人、残疾人在家锻炼身体
11	反一反	发电自行车	用自行车拖动小型发电机，解决照明用电
12	定一定	限速自行车	加上自动限速器，增加安全性

4.5 TRIZ 理论

4.5.1 TRIZ 理论的起源

TRIZ 是拉丁文"发明问题解决理论"的词头。TRIZ 理论是阿奇舒勒(G. S. Altshuller)创立的，Altshuller 也被尊称为 TRIZ 之父。1946年，Altshuller 开始了发明问题解决理论的研究工作。当时，Altshuller 在苏联里海海军的专利局工作，在处理世界各国著名的发明专利过程中，他总是考虑这样一个问题：当人们进行发明创造、解决技术难题时，是否有可遵循的科学方法和法则，从而能迅速地实现新的发明创造或解决技术难题呢？答案是肯定的。Altshuller 发现任何领域的产品改进、技术的变革、创新和生物系统一样，都存在产生、生长、成熟、衰老、灭亡，是有规律可循的。人们如果掌握了这些规律，就能能动地进行产品设计并能预测产品的未来趋势。

以后数十年中，Altshuller 用毕生的精力致力于 TRIZ 理论的研究和完善。在他的领导下，苏联的研究机构、大学、企业组成了 TRIZ 的研究团体，分析了世界近 250 万份高水平的发明专利，总结出各种技术发展进化遵循的规律模式，以及解决各种技术矛盾和物理矛盾的创新原理与法则，建立了一个由解决技术，实现创新开发的各种方法、算法组成的综合理论体系，并综合多学科领域的原理和法则，建立起 TRIZ 理论体系。

4.5.2　TRIZ 理论的优势

相对于传统的创新方法，如试错法、头脑风暴法等，TRIZ 理论具有鲜明的特点和优势。它成功地揭示了创造发明的内在规律和原理，着力于澄清和强调系统中存在的矛盾，而不是逃避矛盾。其目标是完全解决矛盾，获得最终的理想解，而不是采取折中或者妥协的做法。TRIZ 理论是基于技术的发展演化规律研究整个设计与开发过程，而不再是随机的行为。

实践证明，运用 TRIZ 理论，可大大加快人们创造发明的进程而且能得到高质量的创新产品。它能够帮助我们系统地分析问题情境，快速地发现问题本质或者矛盾；它能够准确地确定问题探索方向，突破思维障碍，打破思维定势，以新的视角分析问题，进行系统思维；它能够根据技术进化规律预测未来发展趋势，帮助我们开发富有竞争力的新产品。

4.5.3　TRIZ 理论的内容

创新从最通俗的意义上讲就是创造性地发现问题和创造性地解决问题的过程。TRIZ 理论的强大作用正在于它为人们创造性地发现问题与解决问题提供了系统的理论和方法工具。

现代 TRIZ 理论体系主要包括以下几个方面的内容。

1. 创新思维方法与问题分析方法

TRIZ 理论中提供了如何系统分析问题的科学方法，如多屏幕法等；对于复杂问题的分析，则包含了科学的问题分析建模方法——物-场分析法，可以帮助快速确认核心问题，发现根本矛盾所在。

2. 技术系统进化法则

针对技术系统进化演变规律，在大量专利分析的基础上，TRIZ 理论总结提炼出 8 个基本进化法则。利用这些进化法则，可以分析确认当前产品的技术状态，并预测未来发展趋势，开发富有竞争力的新产品。

3. 技术矛盾解决原理

不同的发明创造往往遵循共同的规律。TRIZ 理论将这些共同的规律归纳成 40 个创新原理，针对具体的技术矛盾，可以基于这些创新原理、结合工程实际寻求具体的解决方案。

4. 创新问题标准解法

创新问题标准解法针对具体问题的物-场模型的不同特征,分别对应有标准的模型处理方法,包括模型的修整、转换、物质与场的添加等。

5. 发明问题解决算法

发明问题解决算法主要针对问题情境复杂、矛盾及其相关部件不明确的技术系统。它是一个对初始问题进行一系列变形及再定义等非计算性的逻辑过程,实现对问题的逐步深入分析,问题转化,直至问题的解决。

6. 基于物理、化学、几何学等工程学原理而构建的知识库

基于物理、化学、几何学等领域的数百万项发明专利的分析结果而构建的知识库可以为技术创新提供丰富的方案来源。

TRIZ 创造原理的核心内容是技术系统进化原理和技术矛盾解决原理。技术系统进化原理认为,技术系统一直处于进化之中,解决冲突是其进化的推动力。进化速度随技术系统一般冲突的解决而降低,使其产生突变的唯一方法是解决阻碍其进化的深层次冲突。

4.5.4 发明创造原理

为了使 TRIZ 创造原理具有实用价值,G.S.Altshuller 等人提出了 40 条冲突解决原理,或称为发明创造原理,如表 4.5.1 所列。该发明创造原理列举了 40 种技术要求或物理效应,对其内涵进行了说明,并给出了典型的示例。对此进行检查核对,可以启迪思路,引导新的创造。

表 4.5.1 发明创造原理

序号	名称	原理说明	原理应用示例
1	分割	1. 把一个物体分成相互独立的部分; 2. 把物体分成容易组装和拆卸的部分; 3. 提高物体的可分性	组合音响、组合式家具、模块化计算机组件、可折叠木尺、活动的百叶窗帘;花园里浇水的软管可以接起来以增加长度;为不同材料的再回收设置不同的回收箱
2	提炼	1. 从物体中提炼产生负面影响(干扰)的部分或属性; 2. 从物体中提炼必要的部分或属性	为了在机场驱鸟,使用录音机来放鸟的叫声;避雷针;用光纤分离主光源,增加照明点
3	改变局部	1. 将均匀的物体结构、外部环境或作用改变为不均匀的; 2. 让物体不同的部分承担不同的功能; 3. 使物体的每个部分处于各自动作的最佳位置	将恒定的系统温度、湿度等改为变化的;带橡皮头的铅笔;瑞士军刀;多格餐盒;带起钉器的榔头
4	不对称	1. 将对称物体变为不对称; 2. 已经是不对称的物体,增强其不对称的程度	电源插头的接地线与其他线的几何形状不同;为改善密封性,将 O 形密封圈的截面由圆形改为椭圆形;为抵抗外来冲击,使轮胎一侧强度大于另一侧

（续）

序号	名称	原理说明	原理应用示例
5	组合	1. 在空间上将相同或相近的物体或操作加以组合； 2. 在时间上将相关的物体或操作合并	并行计算机的多个CPU；冷热水混水器
6	多用性	使物体具有复合功能以替代其他物体的功能	工具车的后排座可以坐，靠背放倒后可以躺，折叠起来可以装货
7	嵌套	1. 把一个物体嵌入第二个物体，然后将这两个物体嵌入第三个物体； 2. 让一个物体穿过另一个物体的空腔	椅子可以一个个折叠起来以利于存放；活动铅笔里存放的笔芯；伸缩式钓鱼竿
8	重量补偿	1. 将某一物体与另一能提供上升力的物体组合，以补偿其重量； 2. 通过与环境的相互作用(利用空气动力、流体动力、浮力等)实现重量补偿	用氢气球悬挂各种广告条幅；赛车上增加后翼以增大车辆的贴地力；船舶在水中的浮力
9	预先反作用	1. 预先施加反作用力，用来消除不利影响； 2. 如果一个物体处于或将处于拉伸状态，则预先施加压力	给树木刷渗透漆以阻止腐烂；预应力混凝土；预应力轴
10	预先作用	1. 预置必要的动作、功能； 2. 把物体预先放置在一个合适的位置，以让其能及时地发挥作用而不浪费时间	不干胶粘贴；建筑通道里安置的灭火器；机床上使用的莫氏锥柄，便于安装和拆卸
11	预防	采用预先准备好的应急措施补偿系统，以提高其可靠性	商品上加上磁性条来防盗；备用降落伞；汽车安全气囊
12	等势	在势场内避免位置的改变，如在重力场内，改变物体的工况，减少物体上升或下降的需要	汽车维修工人利用维护槽更换机油，可免用起重设备
13	逆向作用	1. 用与原来相反的动作达到相同的目的； 2. 让物体可动部分不动，而让不动部分可动； 3. 让物体或过程倒过来	采用冷却内层而不是加热外层的方法使嵌套的两个物体分开；跑步机；研磨工件时振动工件
14	曲面化	1. 用曲线或曲面替换直线或平面，用球体替代立方体； 2. 使用圆柱体、球体或螺旋体； 3. 利用离心力，用旋转运动来代替直线运动	两个表面之间的圆角；计算机鼠标用一个球体来传输 x 和 y 两个轴方向的运动；洗衣机甩干
15	动态化	1. 在物体变化的每个阶段，让物体或其环境自动调整到最佳状态； 2. 把物体的结构分成既可变化又可相互配合的若干组成部分； 3. 使不动的物体可动或自适应	记忆合金；可以灵活转动灯头的手电筒；折叠椅；可弯曲的饮水吸管

(续)

序号	名称	原理说明	原理应用示例
16	近似化	如果效果不能100%达到,稍微超过或小于预期效果会使问题简化	要让金属粉末均匀地充满一个容器,可将一系列漏斗排列在一起达到近似均匀的效果
17	多维化	1. 将一维变为多维; 2. 将单层变为多层; 3. 将物体倾斜或侧向放置; 4. 利用给定表面的反面	螺旋楼梯;多碟CD机;自动卸载车斗;电路板双面安装电子器件
18	机械振动	1. 使物体振动; 2. 提高振动频率,甚至达到超声区; 3. 利用共振现象; 4. 用压电振动代替机械振动; 5. 超声振动和电磁场耦合	通过振动铸模来提高填充效果和零件质量;超声波清洗;超声刀代替手术刀;石英钟;振动传输带
19	周期性作用	1. 变持续性作用为周期性(脉冲)作用; 2. 如果作用已经是周期性的,可改变其频率; 3. 在脉冲中嵌套其他作用以达到其他效果	冲击钻;用冲击扳手拧松一个锈蚀的螺母时,要用脉冲力而不是持续力;脉冲闪烁报警灯比其他方式效果更佳
20	利用有效作用	1. 对一个物体所有部分施加持续有效的作用; 2. 消除空闲和间歇性作用	带有切削刃的钻头可以进行正反向的切削;打印机打印头在来回运动时都在打印
21	减小有害作用	采取特殊措施,减小有害作用	在切断管壁很薄的塑料管时,为防止塑料管变形就要使用极高速运动的切割刀具,在塑料管未变形之前完成切割
22	变害为利	1. 利用有害因素,得到有利的结果; 2. 将有害因素相结合,消除有害结果; 3. 增大有害因素的幅度,直至有害性消失	废物回收利用;用高频电流加热金属时,只有外层金属被加热,可用作表面热处理;风力灭火机
23	反馈	1. 引入反馈; 2. 若已有反馈,则改变其大小或作用	闭环自动控制系统;改变系统的灵敏度
24	中介物	1. 使用中介物实现所需动作; 2. 临时将物体和一个易去除的物体结合	机加工钻孔时用于为钻头定位的导套;在化学反应中加入催化剂
25	自服务	1. 使物体具有自补充和自恢复功能; 2. 利用废弃物和剩余能量	点焊枪使用时焊条自动进给;利用发电厂废弃蒸汽取暖
26	复制	1. 使用简单、廉价的复制品来代替复杂、昂贵、易损、不易获得的物体; 2. 用图像替换物体,并可进行放大或缩小; 3. 用红外线或紫外线替换可见光	模拟汽车、飞机驾驶训练装置;测量高的物体时,可以用测量其影子的方法;红外夜视仪
27	廉价替代	用廉价、可丢弃的物体替换昂贵的物体	一次性餐具;一次性打火机

(续)

序号	名称	原理说明	原理应用示例
28	替代机械系统	1. 用声学、光学、嗅觉系统替换机械系统； 2. 使用与物体作用的电场、磁场或电磁场； 3. 用动态场替代静态场，用确定场替代随机场； 4. 利用铁磁粒子和作用场	机、光、电一体化系统；电磁门禁；磁流体
29	用气体或液体	用气体或液体替换物体的固体部分	在运输易碎产品时，使用充气泡材料；车辆液压悬挂
30	柔性壳体或薄片	1. 用柔性壳体或薄片替代传统结构； 2. 用柔性壳体或薄片把物体从其环境中隔离开	为防止水从植物的叶片上蒸发，喷涂聚乙烯材料在叶片上，凝固后在叶片上形成一层保护膜
31	多孔材料	1. 使物体多孔或加入多孔物体； 2. 利用物体的多孔结构引入有用的物质和功能	在物体上钻孔减小质量；海绵吸水
32	改变颜色	1. 改变物体或其环境的颜色； 2. 改变物体或其环境的透明度和可视性； 3. 在难以看清的物体中使用有色添加剂或发光物质； 4. 通过辐射加热改变物体的热辐射性	透明绷带可以不打开绷带而检查伤口；变色眼镜；医学造影检查；太阳能收集装置
33	同质性	主要物体及与其相互作用的物体使用相同或相近的材料	使用化学特性相近的材料防止腐蚀
34	抛弃与修复	1. 采用溶解、蒸发、抛弃等手段废弃已经完成功能的物体，或在过程中使之变化； 2. 在过程中迅速补充消耗掉的部分	子弹弹壳；火箭助推器；可溶药物胶囊；自动铅笔
35	改变参数	1. 改变物体的物理状态； 2. 改变物体的浓度、黏度； 3. 改变物体的柔性； 4. 改变物体的温度或体积等参数	制作酒心巧克力；液体肥皂和固体肥皂；连接脆性材料的螺钉需要弹性垫圈
36	相变	利用物体相变时产生的效应	使用水凝固成冰的方法爆破
37	热膨胀	1. 使用热膨胀和热收缩材料； 2. 组合使用不同热膨胀系数的材料	装配过盈配合的孔轴；热敏开关
38	加速氧化	1. 用压缩空气替换普通空气； 2. 用纯氧替换压缩空气； 3. 将空气或氧气用电离辐射进行处理； 4. 使用臭氧	潜水用压缩空气；利用氧气取代空气送入喷火器内，以获取更多热量
39	惯性环境	1. 用惰性环境替代普通环境； 2. 在物体中添加惰性或中性添加剂； 3. 使用真空	为防止棉花在仓库中着火，向仓库中充惰性气体
40	复合材料	用复合材料替换单一材料	军用飞机机翼使用塑料和碳纤维形成的复合材料

在使用创造原理进行创新设计时,设计者首先对需要设计的"特定问题"进行分析,重点是发现设计中的技术冲突或物理冲突,通过对照发明创造原理表将特定问题转化为"通用发明创造问题";然后在了解通用问题的通用解法过程中进行类比、移植和借鉴,在结合参考各种已有专业知识和新技术的基础上,构思特定问题的创造性解决方法,经过技术可行性评价后,确定最终的特定解。对于复杂问题,仅应用一条发明创造原理是不够的,可能需要综合应用多条原理。需要指出的是,检查核对发明创造原理的作用不是去"套"用解法,而是借鉴原理的启示使原系统向着改进或创新的方向发展。在这一发展过程中,对问题的深入思考、创造性和经验都是需要的。假如所检查核对的发明创造原理都不满足要求,则可以对冲突进行重新定义并求解。TRIZ 创造原理的基本进程模式如图 4.5.1 所示。

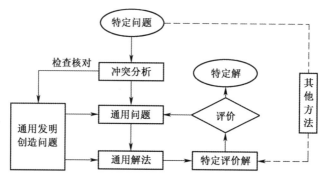

图 4.5.1 TRIZ 创造原理的基本进程模式

4.5.5 案例

在实际应用中,标准的六角螺母常会因为拧紧时用力过大或者使用时间过长,螺母外缘的六棱柱在扳手作用下被破坏。螺母外形被破坏后,使用传统的扳手往往无法作用于螺母。在这种情况下,需要一种新型的扳手来解决这一问题。

1. 冲突分析

针对特定的新型扳手设计问题,首先需要进行冲突分析。传统扳手之所以会损坏螺母,其主要原因是扳手作用在螺母上的力主要集中于六角螺母的某两个角上,如图 4.5.2 所示。若想通过改变扳手形状来降低扳手对螺母的损坏程度,就可能会使扳手的结构变得复杂,制造工艺性下降。因此,新型扳手设计存在"降低损坏程度"与"增加制造复杂程

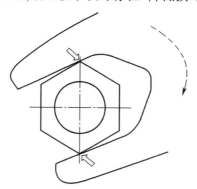

图 4.5.2 传统扳手上的作用力

度"的技术冲突。解决这一冲突是新型扳手设计的关键。

2. 利用发明创造原理求解

改变扳手形状是设计新型扳手的基本思路,但这种改变应当与解决技术冲突同时思考。求解时,可以将特定问题转化为与形状相关的通用问题,并参考其通用解法。

例如,通过检核发明创造原理表,发现其中的"不对称""曲面化"以及"减小有害作用"等原理可供参考,借鉴它们的通用解法并进行创新思考,可获得以下新思路。

(1)根据"不对称"原理,将传统扳手的对称钳口结构改为不对称结构。

(2)根据"曲面化"原理,改变传统扳手上、下钳夹的两个平面为曲面。

(3)根据"减小有害作用"原理,去除在扳手工作过程中对螺母有损坏的部位。

3. 最终解决方案

最终解决方案如图4.5.3所示。该设计可解决使用传统扳手时遇到的问题。当使用新型扳手时,螺母六棱柱的其中两个侧面刚好与扳手上、下钳夹的突起相接触,使得扳手可以将力作用在螺母的对应表面上。六棱柱表面与扳手接触的棱边刚好位于扳手的凹槽中,因此不会有力作用其上,螺母不会被损坏。

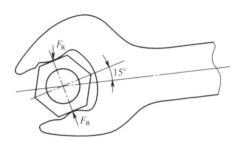

图4.5.3 新型扳手

第5章 产品开发设计流程与方法

【教学基本要求】

1. 了解产品开发设计的一般流程。
2. 掌握设计研究的流程、方法。
3. 掌握概念草图、概念模型和透视图的作用和方法。
4. 掌握数据模型和实物模型的构建方法。
5. 了解专利的基本知识,熟悉专利申请和专利规避方法。

产品设计是指企业内部包含管理层、市场营销、设计、技术和其他部门组成的决策层在产品的市场机会捕捉、可行性方案运作、成本预算、技术支持、制造、生产、运输等方面进行的一系列活动。

从企业角度出发,产品设计一般可以分为以下6个步骤,如图5.1.1所示。

图 5.1.1　产品设计的一般步骤

1. 产品前期规划

产品前期规划是指企业在一个产品开发项目正式启动之前根据自身长期发展策略和经济目标,对技术开发和来自用户、销售群体、研发部门、竞争对手的市场信息进行评估,明确企业在一定时期内的产品开发计划,包括一定时间段内所推系列产品的基本定位、系列产品之间的相互联系、每一款产品的市场亮点以及它们投放市场的具体时间和规划。

2. 概念开发

概念开发是指企业已经完成前期规划,确定了目标市场的某一需求,开始对此需求展开一种或多种产品概念开发,对产品的形态、功能、特性等进行描述。在此阶段,工作任务基本上由工业设计团队完成。

3. 系统设计

系统设计包括定义产品体系,比单件产品设计工作具有更深层次的内容。它是企业解决增加产品多样性的同时又降低了制造成本的设计方法之一。产品体系最主要的特征是模块化。系统设计的内容将在其他设计的课程中另行讲述。

4. 细节设计

细节设计是产品的概念确定之后,对新产品方案进行更详细的设计环节。一方面从产品的外观造型、色彩搭配和材质选择等入手进行更加精致和深入的设计;另一方面也开始考虑非标准件的尺寸、材料、注模公差以及标准件的配备问题。细节设计阶段往往可以控制生产成本以及保证最终产品的质量。

5. 测试与改进

经过前期的工作,一般会推出几个预生产方案接受各类仪器或使用者的测试和评估,即对新产品的技术指标、商业指标、用户接受程度以及产品本身的外观体量等方面进行一系列感性和理性、质化和量化的评估,对最终方案进行再次的调整和完善工作。

6. 生产启动

这个阶段一方面通过初期的试生产解决生产工艺的一些遗留问题,另一方面将此阶段生产的试用产品提供给客户以发现产品中还存在的一些缺陷和不足,根据反馈信息再次进行修改,为大批量地投入市场进行最后的完善工作。一般来说,生产启动和正式生产是一个逐步进行的过程。

5.1 设计研究

5.1.1 市场研究

1. 消费者研究

消费者研究主要是对消费者的购买力进行调查。这包括对消费者按收入水平、职业类型、居住地区等标准进行分类,然后测算每类消费者购买力的投向,即对吃、穿、用、住、行商品的需求结构。消费需求结构研究不仅要了解需求商品的总量结构,还必须了解每类商品的品种、款式、规格、质量、价格、数量等具体结构;同时,还需要了解市场和商品细分的动向、引起需求变化的因素及其影响的程度和方向、城乡需求变化的特点、开拓新消费领域的可能性等。此外,还需要了解季节、月份、具体购买时间对需求的品种和数量结构的影响。

2. 审美因素

审美因素是指某个年代、某种特征、某项功能、某类人群、某种价值观被推崇所依据的标准或是潜在的风格。第一种是时兴,即一时兴起,这是一个时期特有的流行现象,如曾经风靡一时的传呼机、影碟机等,如图5.1.2所示。第二种是热潮,即一时盛行,它是与时兴有一定联系的流行现象,如流行的汽车造型不仅体现在汽车本身,其他的商品如手机、家用电器等造型设计均受其影响,如图5.1.3所示。第三种是趋势,即潮流、方向,它是由某种价值观形成的一个时代的流行现象,如从功能主义中派生出来的后极简主义,从苹果公司的iPhone手机到无印良品的各种产品,如图5.1.4所示。这种在极简的功能主义设

图 5.1.2　风靡一时的影碟机

图 5.1.3　汽车造型影响到手机设计

计中融入一些感性的因素,迎合了都市人群对简约生活的诉求,成为产品创新设计发展的新趋势。这些带有趋势性的产品在演绎为社会潮流的同时,通过商品将时代与社会生动地表现出来。

图 5.1.4　简约主义的产品设计

3. 技术因素

以电子技术、信息技术、纳米技术、生物技术为主要特征的新技术革命,不断改造着传统产业,使产品的数量、质量、品种及规格有了新的飞跃。在未来的产品开发中,产品的科技成分将会显著增加,并将逐渐呈现出高知识密集、高技术密集和高性能、高难度、高变量等特点。新技术的迅速发展使商品的生命周期日益缩短,企业生产的增长越来越依赖技术的进步。这就要求在进行新产品开发时密切关注技术发展的新趋势、新动向,不断利用新技术进行新产品的开发与制造。

产品设计作为科学技术商品化的载体,产品技术的进步对设计观念的变革和发展起着至关重要的推动作用。图 5.1.5 所示为可弯曲柔性屏幕技术在手机设计上的应用。因此,设计师必须及时了解和掌握国内外科技发展的前沿动向,经常思考如何将新技术、新材料、新工艺应用于现有产品,不断改进和开发新产品。这也要求设计师不断地加强学习,经常更新个人的知识结构,使个人知识与科学技术始终保持同步发展。

图 5.1.5　可弯曲柔性屏幕技术在手机设计上的应用

鉴于上述原因,我们必须对与产品相关的新技术、新材料、新工艺的发展状况进行研究,并进行技术预测。产品的相关技术主要包括产品的核心技术、产品构造及生产中的各种问题、新材料的开发与运用、先进制造技术、产品的表面处理工艺、废弃材料的回收和再利用等。

4. 环境因素

产品的开发设计是在复杂的环境中进行的,受到企业自身条件和外部条件的制约。

市场环境的变化,既可以给企业带来市场机会,也可以形成某种威胁。所以,对市场环境的研究是企业有效开展产品设计与开发活动的基本前提。

(1) 政治、法律环境。新的法律、法规及政策的颁布实施和调整会对市场、企业的发展产生重要影响。政治法律环境的研究就是要分析相关的法律、法规、条令、条例的内容,尤其对其中的经济立法,如经济合同法、专利法、商标法、环境保护法等相关规定要重点了解。另外,随着企业对外贸易的日趋频繁,在产品开发设计过程中,要对国际贸易惯例、要求以及相应国家的法律、法规等内容有所了解,并且遵守相关法律规定。

(2) 经济环境。经济环境主要是对社会购买力水平、消费者收入状况、消费者支出模式、消费者储蓄和信贷以及通货膨胀、税收、关税等情况的调查。

(3) 社会文化环境。社会文化环境研究,就是收集人们在各种文化的冲击下生活方式和思想观念的发展趋势、变化的具体情况。这是针对人们在不同文化背景下的心理和行为方面的研究,通过对这些资料的分析与研究,发现和预测未来人们的潜在需求,从而预先开发出具有前瞻性、创新性的产品引领市场的发展。

5.1.2 现有产品研究

现有产品研究的根本目的是通过对市场中同类产品相应信息的收集和研究,从而为即将开始的设计研发活动确定一个基准,并用这个基准作为指导产品研发的重要依据。通过对现有产品的研究,可以在设计开发初期就能迅速了解用户需求;可以对本企业的产品在市场的真实位置有一个正确、理性的认识;可以在产品开发中吸收同类产品中的成功因素,从而做到扬长避短,提高本企业产品在未来市场中的竞争力;可以在既定的成本、技术等条件下为本企业选择最佳的技术实现方案和零部件供应商。

1. 对产品的历史进行研究

对产品历史的研究就是以设计项目所涉及的具体产品为对象,通过对那些虽历经时代变迁但至今仍畅销不衰的经典产品的调查和研究,从经典产品的发展历史中总结经验或教训,并用来指导新产品的设计与开发。经典的产品不仅可以成为一个时代的标志性物品,甚至可以超越时代的界限、伴随几代人的成长,从而成为维系千千万万人美好回忆的纽带,如图 5.1.6 所示。

图 5.1.6　经典的 Vespa 摩托车

对产品历史的调研可以从以下 4 个角度进行。

（1）基本需求角度。产品经过岁月的考验,仍能通过增加附属功能的方式保持其在市场上的优势地位,这说明它在满足用户的基本需求方面有着其他产品所不能取代的优势。我们对产品历史的研究就是要把该类产品中满足用户基本需求的要素总结出来。

（2）技术角度。把该类产品从诞生直至目前所用到的各种技术进行梳理和分析,研究这些技术在促使产品走向成功的过程中所起到的作用,并对该产品未来技术发展提出展望。

（3）设计角度。从社会效益、对环境的影响、与人们生活方式提升的关系以及宜人性、实用性、审美价值、时代性等方面对产品的设计因素进行回顾和总结。

（4）营销角度。产品与营销的关系十分密切。产品只有通过营销的手段被消费者所认可并购买,其被赋予的满足人们精神、物质需求的功能才能得以实现。通过对产品的发展历史的研究,把以往该类产品在满足特定市场需求,达到设定营销目标的方法、策略加以梳理和总结,并将其结果与现在市场研究的成果结合,一并运用到设计开发中,使最终上市的商品符合市场需求,达到设定的营销目标。

2. 对产品的设计进行研究

从宏观上了解和把握产品在设计方面的相关信息,为设计师分析问题、寻找产品机会缺口、确定设计方向奠定基础。一般而言,产品的设计现状的研究涉及以下内容。

（1）产品的形态设计。产品形态设计的研究是重点。由于产品形态对于人们而言属于感性信息,用语言很难对其进行准确、直观的评价,所以在实践中对产品形态设计的调查,往往是采取如图 5.1.7 所示的方法。首先通过各种渠道搜集一定数量的各类近期产品,然后从其中选出品牌、形态最具有代表性的产品作为调查样本进行图表分析,以便找寻产品形态设计的发展态势。

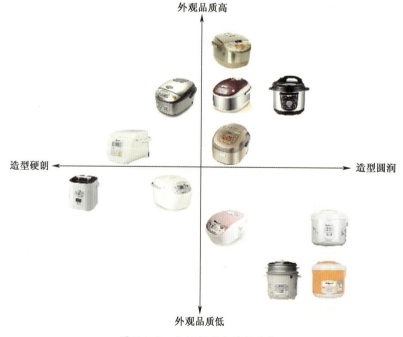

图 5.1.7　电饭锅形态特征分析

（2）产品的色彩设计。产品色彩设计的研究主要采用摄影分析法、调查问卷法两种。摄影分析法是在特定时段对特定地区最具代表性的场所进行调研摄影,将照片在同一平面展出即可找到这一时期的流行色趋势,将色彩提取并概括成色谱,对色彩特征和比例进行统计分析,如图5.1.8所示。调查问卷法是为了了解大众色彩心理以及色彩选择的重要方式,通过对人群色彩态度的分类和统计,即可得到各类色彩态度的百分比。将这个结果与色彩摄影分析法的结果进行对照即可看出各类色彩的流行趋势。

图5.1.8　2014—2015年秋冬女正装色彩灵感来源

（3）产品的功能设计。对产品功能设计进行调研,目的是通过调查分析产品的功能实现原理、结构的变化幅度,从而确定产品的限制条件和设计重点。

5.1.3　用户研究

用户研究是产品设计研究的核心部分。用户研究的最终目的是了解用户的需求,找出现有产品的不足,并根据这些需求在设计中对产品进行改进与创新。用户研究一般按照建立用户模型、调查、回收资料、研究和分析资料的顺序进行。具体的调查手段包括用户观察、用户访谈和问卷调查等。

1. 用户分类

何为用户？简而言之,用户就是所设计产品的直接使用者。对设计师来说,用户的使用需求和使用体验是进行产品设计最重要的参考。用户是一个笼统的概念,在使用产品的过程中,用户是有区别的。从使用熟练程度的角度来看,可以将其大概分为新手用户、熟练用户、专家用户和偶然用户4类。

新手用户是刚刚开始使用该产品的人,他们往往还处在摸索的阶段,对产品没有深入的了解和掌握。但是,新手用户的最初体验,最直观地反映所设计的产品是否"简单易用",是否容易操作。在提倡"用户体验"的今天,这一点显得尤为重要。最初的使用体验往往影响到用户对某产品的第一印象,对今后的市场选择具有深刻影响。例如,刚刚学完驾驶,首次购买汽车的司机就是某品牌汽车的"新手用户"。

熟练用户是已经使用某种产品较长时间的人。经过长期使用,他们往往对产品的功能、优缺点有了比较全面的认识,在调研时能够提出较多的建议。熟练用户是产品使用的主要群体，能够坚持使用较长时间，他们对某种产品往往有了较深的认识和信任度。例如，已经使用了某品牌汽车5年的司机，就是这个品牌汽车的熟练用户。

专家用户是不仅能够非常熟练地使用某种产品，而且能够了解该产品的工作原理和专业知识的用户。专家用户一般分为两类：一类来自于某种产品的"发烧友""粉丝"，如迷恋哈雷摩托的用户，他们对于该产品往往具有宗教般的信任与坚持，因此其中相当一部分用户对该产品的了解达到"专家"的程度；另一类则是来自于从事与该产品有关的专业工作的专业人士，如汽车修理厂的技术骨干，他们不仅能够熟练驾驶，而且对汽车内部结构、优缺点具有专业层面的认识。专家用户具有较高的创新能力，能够提出专业级的建议，甚至提出具有很高可能性的改进方案。这部分用户是重点、深入调研的人群。

偶然用户是偶然使用某种产品的用户。这样的产品往往是公共服务的产品，而不是个人使用的产品。例如，自动取款机，无论什么文化程度，无论性别、年龄、地域等个人差别，都可能要使用自动取款机。但是有些时候，可能仅会用一次，然后较长时间不用。

以上4类用户代表了产品使用的绝大部分人群，在用户研究中，要根据不同的人群，制定不同的研究计划，以获得最全面的资料。

另外，除了按照使用的熟练程度分类以外，还可以按照消费水平、文化环境、教育背景、生活地域等方式进行用户的分类。

2. 研究方法

1）观察法

通过观察用户是如何使用产品的，能够更透彻地理解用户和需求，如图5.1.9所示，观察用户使用饮料瓶喝水的行为。

图5.1.9　观察用户使用饮料瓶喝水的行为

在实际的操作中，往往通过两种方式进行观察。

(1) 在实验室中进行专门的实验和观察。

这种方法是为用户专门提供一个没有其他因素干扰的场所，观察用户使用某种产品时的操作情况，并进行记录。需要注意的是，由于实验室已经人为消除了各种可能的干扰因素，在现实生活中则不然。通过实验可以判断某些因素对用户使用产品的影响，但它并不是用户使用产品的真实环境。

(2) 现场观察用户操作。

现场观察用户操作能够更加真实地反映用户使用某种产品的情况，但又有其局限性。因为工作现场都存在许多因素对用户操作行动产生综合影响。各种影响因素之间的关系十分复杂，有时候很难搞清楚各个因素在什么时候起作用，而只能观察到对用户行动、心理的最后综合作用。但是,正是这些因素的复杂作用,导致了用户的操作行动。图5.1.10所示为观察老年人使用代步工具。

图 5.1.10　现场观察老年人使用代步工具

现场观察用户操作,要注意具备几个因素:应当是典型用户执行典型任务;应当在用户真实工作环境下观察;如果提问,重点放在用户正在做和刚刚完成的事情;迅速反馈你在这一过程中的想法,并做记录,验证你的理解是否正确。

2) 访谈法

访谈法是通过设计师和用户面对面交谈来了解用户心理与行为的研究方法。访谈有正式的,也有非正式的;有逐一采访询问的,也可以开小型座谈会进行团体访问。访谈的最佳地点是用户的工作环境或家里面。在这些地方人们能够比较从容地谈论自己的活动,环境也能帮助提醒他们。用户访谈非常耗时,而且要访问到所有想访问的人也不太现实,因此必须精心设计访谈的时间、地点与对象。

在访谈过程中,尽管谈话者和听话者的角色经常在交换,但归根到底,设计师是听者、记录者,受访人是谈话者、表述者。向特定的用户提一组问题,根据用户的回答进行分析和判断,获取有价值的信息。访谈中问题的设计十分关键,好的问题设计,不仅能够获取关键的、真实的信息,而且能够激发被访问者的积极性,过程也令人愉快。

访谈的形式有面对面的专家用户访谈、新手用户访谈、多人参加的专题访谈等,图5.1.11所示为多人参加的专题访谈现场。访谈对象的不同,问题的设计也不一样,可以从

图 5.1.11　多人参加的专题访谈现场

产品和预期的差距、操作上手的难度等方面入手。例如,通过访谈专家,设计师能够尽快了解用户、产品功能、结构、使用、产品的技术、制造、销售,产品的未来等方面的知识,问题的设计也围绕较深层次展开。新手用户没有受经验的影响,他们对产品的看法中少有偏见,对改进产品有启发。

5.1.4 人机工程研究

人机工程学是研究人与其所使用的产品和系统以及工作与生活环境交互作用的学科,也常称为人因工程学或工效学。人机工程学专家一般出自工业设计师,他们将工作重心放在产品的易于使用上;将设计的重心放在提高制造系统的生产效率上。

人机工程学应用与人相关的信息来创建所用的物品、设施和环境。人的肌肉力量所提供的力和扭矩为系统提供能量,人的视觉、听觉、触觉以及一定范围内的味觉和嗅觉来提供信号,当人体处于系统内时(如门的宽度必须大于肩宽,人能够触及到灯的开关),人也是物料输入。将产品视为人机系统,该系统中的操作员、机器及其工作环境必须都高效运行。

在人机工程方面投入多的产品的品质高,因为它们带给用户的使用体验良好。研究人机工程学的关键特性可以得到各种重要的产品性能,如表5.1.1所列。

表 5.1.1 人机工程学属性和产品性能间的关系

产品性能	人机工程学属性
使用舒适	工作空间内人与产品匹配良好
易于使用	最小的人力需求;使用的清晰性
操作条件易于理解	人的感知
用户友好的产品	自然的操作逻辑

1. 人体的体力

对人在手工劳动中完成材料(铲下的煤)和物品装卸时身体能力进行的测试是人机工程学最初的研究之一。研究中不仅测试了韧带和肌肉可以提供的力,而且同时记录了人体在持续的重体力劳动中心血管和呼吸系统的相关数据。如今,在机械化车间,有关人体能够提供多大的力或者扭矩等相关信息已经不那么重要了。

表5.1.2所列为5%百分位的男性手臂、手和拇指的肌肉力,意思是只代表力量最小的5%男性群体。女性的数据与男性的不同。同时,可用力或扭矩的大小取决于动作的幅度以及人体不同关节的位置。例如,可用力的大小取决于肘和肩所成的角度。力的大小也同样取决于人是坐姿、站姿还是平躺姿态。

人体的肌肉输出通常作用在机器的控制界面上,像脚刹车或切换开关。这些控制界面可以有很多样式:方向盘、旋钮、拨轮开关、滚动球、操纵杆、控制杆、拨动开关、摇臂开关、脚踏或滑动键。人们对这些设备都已经进行了研究,确定了操作所需的力或扭矩,以及它们是否适合开-关模式控制或更精确控制等。

在控制界面设计中,避免使用户感到不方便,避免达到生理极限的动作是十分重要的。除非在紧急情况下,控制应不需要特别大的作用力。设计控制器的位置时,应避免操作时弯腰和移动上肢,特别是当这些动作需要重复时。这样的动作可能导致人的累积损伤疾病,而压力会引起神经或其他部位损伤。这些情况会造成操作人员的疲劳和失误。

表 5.1.2　5%百分位的男性手臂、手和拇指的肌肉力

手臂力量/lb[①]														
（1）	（2）		（3）		（4）		（5）		（6）		（7）			
肘部弯曲角度/(°)	内拉		外推		向上		向下		向内		向外			
	左	右	左	右	左	右	左	右	左	右	左	右		
180	50	52	42	50	9	14	13	17	13	20	8	14		
150	42	56	30	42	15	18	18	20	15	20	8	15		
120	34	42	26	36	17	24	21	26	20	22	10	15		
90	32	37	22	36	17	20	21	26	16	18	10	16		
60	26	24	22	34	15	20	18	20	17	20	12	17		
手掌和拇指力量/lb														
	（8）			（9）			（10）							
	用手掌握住			用拇指握住			用指尖握住							
	左		右	左		右	左		右					
暂时把持	56		59	13			13							
持续把持	33		35	8			8							

① 1lb=0.454kg。

　　例如,在创新设计某些手持式产品时,要求既能适应强力抓握,又能准确控制作用点,也就是说,手动工具需要适合手的形状。它们能够保证手、手腕和手臂以安全、舒适的姿势把握,达到既省力又不使身体超负荷的目的。遵照"便于使用"的原则,设计合理的手柄能让使用者在使用工具(产品)时保持手腕伸直,以避免使腱、腱鞘、神经和血管等组织超负荷。一般来说,曲形手柄可减轻手腕的紧张程度。图 5.1.12 所示的普通的直柄钳经常会造成手腕弯曲施力,而图 5.1.13 所示的园艺修枝剪手柄的弯曲造型是比较合理的。

图 5.1.12　普通的直柄钳

图 5.1.13　园艺修枝剪

2. 感官输入

　　人的视觉、触觉、听觉、味觉和嗅觉主要用于设备或系统的控制,它们为用户提供信号。最常用的是视觉显示,如表 5.1.3 所列。在选择视觉显示设备时,不同人的观察能力有所不同,因此要提供充足的照明。

表 5.1.3 视觉显示器的类型

 数字式计数器	 图标、符号显示
 指针固定而标尺移动	 指示光
 标尺固定而指针移动	 图形指示
 机械式指示器	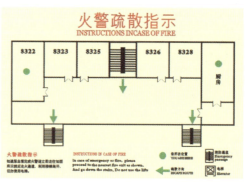 图片指示

表5.1.4所列为不同类型的视觉显示设备提供信息的能力不同。

表5.1.4 常用视觉显示器的特性

	准确值	变化率	趋势和变化方向	离散信息	调整到期望值
数字显示					
标尺固定而指针移动					
指针固定而标尺移动					
机械式指针					
图标、符号显示					
指示光					
图形指示	□				
图片指示	□				

注：表示不合适；表示可接受；表示建议采用。

人耳的有效感知频率范围是20~20000Hz。通常，听觉是第一个感觉到问题的感官，如气轮胎的砰砰声和磨损了的刹车的摩擦声。设备中使用的典型听觉信息有铃声、哗哗声（告知收到动作信号）、嗡嗡声、号角声和警报声（用于发出警报），还有电子语音提示等。

人体对触觉特别敏感。触觉刺激使人们可以分辨表面是粗糙的还是光滑的、热的还是冷的、尖的还是钝的。人体还具有肌肉运动记忆能力，能感觉到关节和肌肉的运动。这项能力在运动员身上高度发达。

反应时间是指当感觉信号被接收后做出反应的时间。反应时间由几个动作组成：首先以信号的形式接收信息，然后将其转化为一组可做出的选择的形式，接着预测每个选择的输出，评估每个输出的结果，最后做出最好的选择。这些动作都将在200ms内完成。为了在简单的产品中达到这个效果，控制必须是凭直觉就可以完成的。

认真对待以下设计问题将会获得用户友好的设计。

（1）简化任务。控制操作应该有最少的动作步骤，且动作直接。要减少用户学习的时间。将计算机集成到产品中会起到简化操作的作用。产品应易于操作，应尽可能少地使用控制器和指示器。

（2）使控制器及其功能清晰。将控制某功能的控制器放置在所控制设备附近。将所有的按钮排成一排可能看起来很漂亮，但却不是用户友好的。

（3）使控制器简单易用。为不同功能的控制旋钮和把手设计不同的外形，使其从外观上或从触觉上就可以区分。将控制器组织和分类以降低复杂性。有几个布置控制器的策略：按照使用顺序从左到右排列；关键控制器布置在操作员的右手附近；最常用的控制器布置在操作员左手或右手附近。

（4）使人的意图与系统所需动作相匹配。在人的意图与系统动作之间要有清晰的联系。设计应该做到当一个人与设备发生交互时，只有一个正确的、明显的事情可作。

（5）使用映像。让控制器反应或映像出机械系统的动作。例如，汽车上的座椅位置控制器应该有车椅的形状,并且将其向上推时座椅也会被抬起。其目的是操作足够清晰,而没有必要参看标志牌、标签或者用户操作手册。

(6) 显示要清晰、可见,大到足够轻易阅读并且方向一致。快速阅读和显示条件变化更适合使用相似的显示信息。数字显示可提供更加准确的信息。将显示信息布置在期待观看到的位置。

(7) 提供反馈。产品应该向用户提供任何一个正发生动作的准确、及时的反应。这种反馈可以是灯光、声音或显示信息。滴答声和仪表盘的闪动灯光对汽车转向的反馈就是个很好的例子。

(8) 利用约束预防错误动作。不要相信用户永远会做出正确的操作。控制器的设计应使误操作或操作顺序不能实现。例如,汽车的变速器在汽车前进时不能挂倒挡。

(9) 规范化。规范化的控制器布置与操作是很有用的,因为这样可以增加用户的知识。例如,在早些时候,汽车刹车、离合器和油门踏板的布置是随意的,但是在它们被标准化后,人们将它们的排列方式制定成了规范,并且再也不会改变了。

唐纳德·诺曼主张,要想设计出真正的用户友好产品,必须基于绝大部分用户的基本知识。例如,红灯代表停,刻度上的数值顺时针表示增加等。在设计时,不要假设用户拥有很多的知识或技巧。

3. 人体测量学数据

人体测量学是人机工程学中测量人体数据的学科。人体的尺寸差别多样,通常儿童比成人矮小、男性比女性高大。在产品设计中,需要认真考虑人体尺寸变量有坐高、肩宽、手指长度与宽度、臂长和坐视高度等因素。这些信息可以从各种人机工程学手册中查得。

在设计中,选择多少百分位的人体尺寸取决于具体的设计任务。如果设计任务是在拥挤的飞机座舱中放置一个重要的紧急情况控制杆,那么就需要选择最小可达尺寸,即女性1%百分位的可达尺寸。如果设计的是潜艇中的逃生舱,那么就要选择男性99%百分位的肩宽尺寸。服装制造商倾向生产最匹配设计而不是生产极限尺寸设计,为各种身材的顾客提供现成的、可供选择的基本合身的尺寸。其他一些产品,通常可以做到可调节匹配。常见的可调节产品实例有汽车座椅、办公座椅和立体声耳机等,如图 5.1.14 和图 5.1.15 所示。

图 5.1.14 可调节办公座椅

图 5.1.15 可调节立体声耳机

5.2 概念开发

要让产品设计能全面、深入地进行,不仅要广泛地收集资料,做好前期设计研究工作,更重要的是,在进入概念设计时,要充分展开思路,从不同角度、不同层次、不同方位提出各种构思方案。

设计的过程实质上是一个从理想到现实的过程,即从开始的需求理想到最终的产品实现。设计初始的理想阶段是创新的最好时期,设计者可不受限制地大胆构思,即使是头脑中的一个闪念也可将其敏捷地表现出来,提出各种不同的方案。所提的方案可能不切实际,但只要把它们记录下来,经过一段时间的酝酿,往往会变成可行的和有创新性的设计方案。即使不能成为有用的方案,对开拓思路、激发创造也是有益的。

概念开发通常是在发现了某一个有价值的创意点之后,通过各种各样反映思维过程的草图而具体化和明朗化。多个概念在这一过程中逐步建立起关联、相互启发、相互综合,从而使设计的概念借助图形化的表达成为几类轮廓分明的创意方案,实现从思维、理念到形象的过渡,并不断从图纸上得到反思、深入和飞跃。

需要指出的是,头脑中每出现一个新念头、新想法时,不必深入考虑该方案在结构上是否可行,有没有合适的材料,能否加工,怎样加工等,否则容易使思维受到约束,构思停留在一两个方案上,将导致设计无法取得突破。假想自己逐渐远离或接近,甚至进入这个物体,尽量从宏观的和微观的角度去看它。这样,对这个物体将会有宏观和微观两种不同的认识。因此,要放飞想象,让它带我们到未知的领域去。

整个设计构思过程可以分为发散性思维和收敛性思维。发散性和收敛性思维都非常重要,在解决一个问题的时候,通常需要先进行思维的发散,寻找很多解决问题的办法,然后进行收敛式的思维,将解决问题的方法范围缩小,寻找一个最合适、最便捷的方法。这就是发散思维和收敛思维的综合应用。

5.2.1 概念草图

1. 概念草图的作用与类别

概念草图是设计师将自己的想法由抽象变为具体的过程,是设计师对其设计对象进行推敲的过程。概念草图上往往有文字的注释、尺寸的标注、色彩的推敲、结构的展示等。这种理解和推敲的过程是概念草图的主要功能,大致有记录草图、思考草图和手绘效果图、三视图等。

记录草图往往是对实物、照片的写生和局部放大图,记录比较特殊和复杂的结构形态,这种积累过程对于设计师的经验和灵感来源十分重要,如图 5.2.1 所示。

思考草图主要是表达思考的过程,用以再构思和深入推敲,经常以系列的组合图来表示。思考草图从不同透视、不同角度来反复展示各个部件的形态、结构,用以检验其是否合理,如图 5.2.2 所示。

图 5.2.1　记录草图

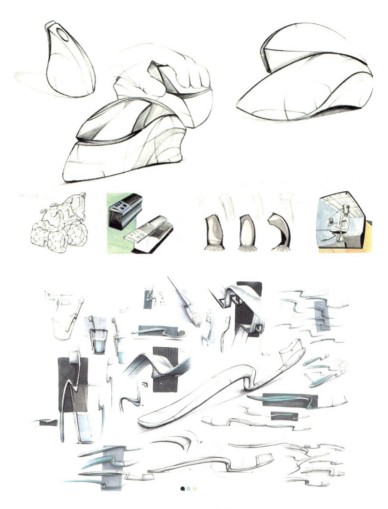

图 5.2.2 思考草图

手绘效果图表现的是产品设计的形态语言,也是设计创意必备的技能,是设计过程中的一个重要环节。产品设计中,无论是现实的构思还是未来的设想,都需要设计师通过设计预想图的形式,将抽象的创意转化为具象视觉媒介,表达出设计的意图。

作为特殊的设计表现语言,产品手绘效果图是在一定的设计思维和方法的指导下,达到抽象概念视觉化的过程,以此传达设计信息,沟通设计思想。

按照设计的流程,效果图大致可分为以下几种。

1) 设计展开阶段的构思效果图

在产品设计初期的策划和造型设想阶段,凭记忆和想象绘制出头脑中浮现的造型,为了展开和确认造型而绘制出的效果图称为构思效果图。因为没有必要把造型的意图传达给他人,所以构思效果图的表现技法也就没有一定的规范,显得较为个性随意。构思效果图是对整体造型感觉和基本思考方案的概括描绘。在反复展开造型设计的同时,要迅速捕捉隐藏在头脑中的产品形态构思,没有必要过多考虑细部的造型、色彩和材质等,如图 5.2.3 所示。

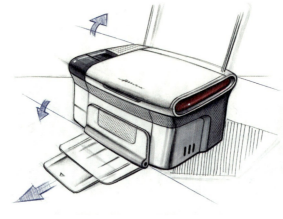

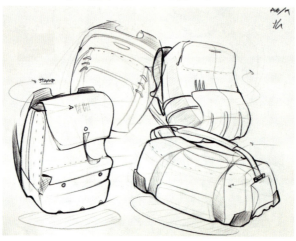

图 5.2.3 构思效果图

2) 定案后的精准效果图

在产品设计的造型研讨阶段和造型汇总阶段描绘出的比较详细的效果图,一般是在构思效果图的基础上,深化细节表现,赋予相关材质,尽量准确地表达产品的色彩。一个优秀的产品设计师描绘出的精准效果图可以让人直观地看到所设计产品的形态,甚至给人以材质感,如图 5.2.4 所示。

图 5.2.4 精准效果图

三视图是设计阶段完成后,为了形象地表现各个面的造型和机构设置,设计师可以将产品的主视图、俯视图、侧视图分别画出来。如果产品有斜面,还可以画特定角度的正视图。此阶段的三视图也可以供设计师与工程技术人员交流,但不是最终的工程制图的三视图,所以尺寸上要求不是很高。

2. 概念草图的表现工具

在概念草图的表现中,常用的工具主要是马克笔、透明水色、色粉、彩色铅笔等画材。利用不同的绘制方法,以快捷的方式将客观对象和主观创意的形象特征、材质特征、色彩特征、物像空间关系、透视关系及光影效果等高度概括地进行表达,以此来传达设计信息,沟通设计思想。

1)马克笔表现

马克笔又称为记号笔,由于其色彩均匀、速干、流畅、操作方便等特点,近几年受到广大设计师的热捧。图5.2.5所示为马克笔绘制的概念草图。根据墨水的溶剂成分,可以分为油性马克笔、酒精性马克笔和水性马克笔。油性马克笔耐光性好、色彩厚重、防水,可多次叠加色彩;酒精性马克笔附着性好、速干、防水、环保;水性马克笔颜色亮丽有透明感,多次叠加会变灰,容易划伤纸张。

马克笔绘制效果图时,通常由浅入深进行着色,其颜色浓重、笔触明显、痕迹清晰。一般先用针管笔画出单线的表现图,然后运用马克笔进行排笔,上色时应注意色彩的选择,尽量快速表现完成,要以运笔用力的轻重体现出粗细变化,以速度的快慢体现连接关系。注意以叠加的方式对局部进行第二次着色,要留意运笔的疏密变化。

图 5.2.5 马克笔绘制的汽车草图

2)透明水色表现

透明水色的绘制通常是将针笔线稿裱在画板上,画板平放在桌子上,然后由明到暗、由浅到深、由高光到暗部,逐层深入。透明水色所使用的纸张一般选用较为厚实的纸质。表现时以水为主,加少量颜色控制性运笔,将会在画面上出现生动自然、层次丰富的融合润染效果,富有表现力。透明水色着色一般一遍完成,局部可进行两至三遍的覆盖,切勿过多层次地叠加及反复修改。透明水色控制的关键在于用水量多少,水多不易干透,水少则出现过多笔触,不易表现光滑质感。图5.2.6所示为透明水色表现的相机草图。

3)色粉表现

色粉效果图兼有油画和水彩的艺术效果,在塑造和晕染方面有独到之处,图5.2.7所

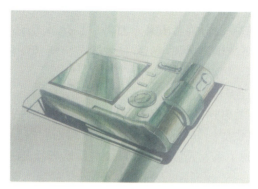

图 5.2.6　透明水色表现的相机草图

示为色粉表现的汽车草图。色粉笔属于颗粒状材料,适合大面积使用。色粉笔可产生喷绘的效果,明暗过渡均匀,表现力强,色彩非常鲜艳和饱和。它可多种色粉相混,为画面提升生动自然的效果。色粉通常与马克笔结合使用,可根据不同的要求表现出不同的质感。在纸张选择上尽量使用纸质细腻、不易起毛的纸张,涂抹的方式根据个人习惯与表现效果的不同,可选择直接在纸张上涂抹、手指涂抹、毛刷涂抹、棉棒或软质纸巾涂抹等方式。

图 5.2.7　色粉表现的汽车草图

4)彩色铅笔表现

彩色铅笔是一种表现技法多样的绘画工具,用力的大小可以使颜色有深浅不同的变化,而数十种颜色的交错融合可以创造无限的色彩效果、细腻的层次和空间,如图 5.2.8 所示。彩色铅笔表现以清晰淡雅的线条作为基本的造型语言。在绘制过程中,利用彩色铅笔的固有特性进行多种色彩的重叠表现,可创造出更为丰富的色彩表现效果。运用彩色铅笔时,在运笔、线条排布上要绘制均匀,尽可能避免交叉线条的存在。

图 5.2.8　彩铅绘制的汽车草图

5）数位板表现

伴随计算机技术的提高,可视软件技术入门越来越低,计算机绘图越来越能够替代手绘效果图。目前,用数位板配合压感笔,使用 Photoshop 等软件绘制效果图应用得十分广泛。它能够非常方便地对设计方案进行补充和修改,色彩丰富、表现力强,如图5.2.9 所示。同时,由于结合数位板在计算机上绘制出来的效果图为电子档,因此方便传播和与设计师交流。

图 5.2.9　借助数位板和软件绘制的效果图

5.2.2　概念模型

产品概念模型(草模)制作的目的有两个:一是通过最直观的方式验证产品的形态、尺寸、体量、各组件之间的比例以及在手感上是否符合设计师的预想;二是通过草模进行产品的人机匹配、结构尺寸和连接方法的验证。

从产品开发概念提案一直到最后产品定案,设计师都会不断地制作大量外观模型,目的是最直观地获得产品改进信息而进行下一步的设计。功能结构模型能用于进行结构强度实验,还可以在一定程度上让用户体验产品的工作状态以及对一些活动关节机构进行试操作等。功能结构模型是设计深化并最终实现产品概念的重要步骤。在不同阶段也采取不同的功能结构模型,如产品设计前期设计师对于一些和造型密切相关的结构可以利用现有相关结构配件进行实验性的草模实验。

概念模型一般使用纸板、石膏、聚氨酯泡沫、黏土等材料来制作,这类材料易于成型、成型速度快。制作概念模型比较简单,根据设想方案的大体尺寸和形态,进行切削、打磨,由几个部件组成的产品按照单个部件制作完成后粘接在一起即可。

1. 纸质模型

适用于构思的训练,常作为短期实体建筑的模型,如图 5.2.10 所示。卡纸模型具有制作简便、材料加工方便、粘接容易以及在表现质感方面容易进行模拟处理等特点。纸质模型容易因受潮而变形,不宜长期保存。

2. 石膏模型

石膏是产品设计模型制作常用的材料,能较好地表现、传递和保留产品设计的形态。石膏的优点是强度高、刚度大、成型容易,不易变形,可进行深入的细节表现,价格低廉,便于较长时间保存。其缺点是较重、易碎、表面涂饰效果差,一般适用于细节不多、体积较大的产品,图 5.2.11 所示为石膏制作的手机模型。石膏模型也可作为制作玻璃钢模型的阴模。石膏模型能较好地保留设计者原创作品的形态,如果翻制效果好,石膏材料能很好地复制出所设计的产品原型。石膏模具翻制产品模型的方法成本较低,不需要太多的工具,操作占地面积小、操作简单,一直广泛运用于艺术设计、模型制作领域。

图 5.2.10　卡纸表现的建筑模型

图 5.2.11　石膏模型

3. 泡沫塑料模型

泡沫塑料模型的优点是加工容易、成型速度非常快、重量轻、容易搬运、材质软、不变形、价格低廉,具有一定的强度,能较长时间保存。图 5.2.12 所示为发泡塑料制作的模型。其缺点是强度低、刚度小、怕重压碰撞、不易进行精细加工、不好修补,也不能直接涂饰、易被腐蚀。

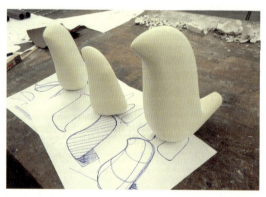

图 5.2.12　发泡塑料模型图

4. 黏土模型

黏土是一种含沙粒很少、有黏性的土壤,质地细腻、有良好的可塑性,同时修刮、填充方便,可反复使用。利用黏土做出草模(图 5.2.13),能提高设计者的空间想象能力,能够将平面的图纸转换成三维的模型,对模型制作有很大帮助,形象思维也更加成熟。但是由于黏土强度低,刚度也不大,所以不能制作空心的、线条长的模型。另外,表面不容易涂饰,所以黏土不适合制作精细、高档的模型。

图 5.2.13　黏土模型

5.2.3　透视图

在这个阶段,设计师常需要把概念模型转化为能够反映更多信息的造型图,即透视图。造型图可以表现产品的细节,并反映产品的使用情况,绘制二维或者三维造型图,能够表达出产品大量的信息。造型图常用来做色彩研究,或者检测用户对产品特征和功能的接受程度,还可以作为销售时的展示资料。

在这个阶段,设计师会借助一些三维软件,如 Rhino、3ds-Max、Alias 等,完成方案的三维建模和材质渲染,对产品的形态、色彩、表面装饰细节等进行更直观的表达。透视图的优势在于可以对产品的细节表现得非常完整和清晰,尤其是对一些在概念方案阶段容易被忽视的部分,在这个环节都很容易被发现,使得设计师可以进行补充和修改。图 5.2.14 所示为产品的计算机透视图。

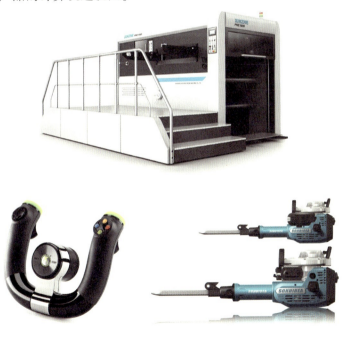

图 5.2.14　产品的计算机透视图

5.3 设计开发

5.3.1 数据模型

计算机辅助工业设计(Computer Aid Industrial Design,CAID)是从计算机辅助设计(CAD)延伸而来的,是以计算机技术为核心的信息时代的产物。它是指工业设计人员利用计算机辅助系统进行工业设计,在产品的形态设计、结构分析、成品制造等方面的应用。

计算机模型在产品设计流程的每一个环节都有很大的作用。在设计前期概念开发阶段可以辅助完成各类概念方案的表现,在设计中期可以进行结构和外观的组装配合模型设计,在设计后期可以利用动态模型演示功能实现模式和产品结构工作原理。

在设计后期阶段,会借助工程类三维建模软件,如 Solidworks、Creo、UG 等建立数码三维文件,不仅可以把它们用于结构设计,还可以用来进行功能演示和与计算机辅助制造系统的数据相衔接,直接用于模具的制造。

绘制出最终产品的数据模型,工业设计师就完成了他们的开发工作。数据模型可以描述产品的功能、特性、大小、颜色、表面处理和关键尺寸。虽然这些不是详细的零件图,但它们可以用来构造最终的设计模型和样机,可以作为与工业设计下游产业链交流的有效载体,促使整个开发流程的集成。图 5.3.1 所示为使用 Creo 软件建立的产品数据模型。

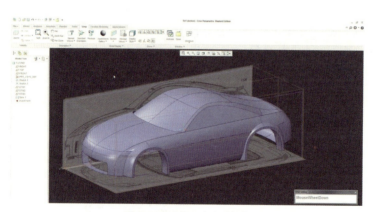

图 5.3.1 产品数据模型

与传统的工业设计相比,CAID 在设计流程、设计质量和设计效率等方面都发生了一系列的变化。产品的创新与快速开发是企业竞争力的关键,计算机辅助工业设计(CAID)顺应了这一需求,它为设计人员和企业进行市场竞争下的工业设计活动提供了支持;在产品设计活动中使设计表现更加简便快捷,设计展示更加方便清楚,缩短了设计周期,保障了设计的可行性。由于 CAID 的应用,很大程度上工业设计师们的职责也发生了相应的变化,最初的工业设计师对产品设计是停留在平面视觉表达状态,后期的产品制作依靠工程师对于设计图纸的理解在一次又一次的修改过程中逐步完成。现在工业设计专业人员的职责就不仅是完成一个产品外观造型的任务,还必须了解材料、结构、模具、生产等相关专业的知识,以便于把最初的设计创意与后续的工程衔接。当前,国内外关于 CAID 的研究主要集中在计算机辅助造型技术、人机工程技术、结构设计、模具设计以及产品反求技术的应用研究等。随着技术的日益发展,产品设计模式在信息化的基础上,必然朝着数字化、集成化、网络化、智能化的方向发展,从某种意义上说,计算机辅助把工业设计许多任务转化成一种量化、数据化的工作细节。计算机模型的建立相对于实体模型更加快捷,修改更加方便,但是在空间感受以及在产品的手感、体量感方面不如实体模型直观。

5.3.2 实物模型

产品实物模型(样机模型)是指在没有开模具、产品推上市场之前帮助设计团队根据产品外观或结构做出的一个或几个用来评估和修正产品的样板。它包含了反映该产品外观、色彩、尺寸、结构、使用环境、操作状态、工作原理等特征的全部数据。样机模型在新产品开发过程中起着极为重要的作用,它能以最终形式向客户展示其设计,为客户提供最终的设计验证测试,及时纠正错误,最大限度地减少模具制造及投产时因配合失调、反复变更带来的不必要的损失,大大减少实验工作量,有助于了解设计过程的实质。

一方面,随着科技的进步,CAD(Computer Aid Design)和 CAM(Computer Aid Manufacture)技术的快速发展,为模型制造提供了更好的技术支持,使得模型制作越来越精确和精细;另一方面,随着社会竞争的日益激烈,产品的开发速度成为竞争的主要矛盾,而模型制造恰恰能有效地提高产品开发的速度。在这种情况下,模型制造业便脱颖而出,成为一个相对独立的行业而蓬勃发展起来。

模型制作是设计过程中比较重要的阶段,可以再次深入发现草图构思阶段没有发现的问题。因此,在制作模型之前,必须做好各项准备工作。搞清产品的结构、具体尺寸、所需达到的材质感,这样便于设计者更好地选择材料和工艺进行模型制作。恰当的材料和工艺能让模型制作事半功倍,降低难度,达到理想效果。

样机模型和概念模型不一样,其对于精密度有更高的要求,一般采用数控模型的方法。数控模型主要工作量是用数控机床完成的,而根据所用设备的不同,分为激光快速成型(rapid prototyping)和加工中心(CNC)两种不同方式。

激光快速成型技术又称为实体自由成型技术,即 rapid prototyping,简称 RP 技术。RP 技术是一项 20 世纪 80 年代后期由工业发达国家率先开发的新技术,其主要技术特征是成型的快捷性,能自动、快捷、精确地将设计思想转变成一定功能的产品原型或直接制造零部件,该项技术不仅能缩短产品研制开发周期,减少产品研制开发费用,而且对迅速响应市场需求,提高企业核心竞争力具有重要作用。快速成型的工艺方法是基于计算机三维实体造型,在对三维模型进行处理后,形成截面轮廓信息,随后将各种材料按三维模型的截面轮廓信息进行扫描,使材料粘接、固化、烧结,逐层堆积成为实体原型。快速成形系统相当于一台立体打印机,它可以在无需准备任何模具、刀具和工装卡具的情况下,直接接受产品 CAD 数据,快速制造出新产品的样件、模具或模型。因此,RP 技术的推广应用可以大大缩短新产品开发周期、降低开发成本、提高开发质量。由传统的去除法到今天添加法,由有模制造到无模制造,这就是 RP 技术对制造业产生的革命性意义。

加工中心(CNC)是计算机数字控制机床(Computer Numberial Control)的简称。加工中心是一种装有程序控制系统的自动化机床。该控制系统能够富有逻辑地处理具有控制编码或其他符号指令规定的程序,并将其译码,从而使机床动作并加工零件。与普通机床相比,数控机床具有的特点:加工精度高,具有稳定的加工质量;可进行多坐标的联动,能加工形状复杂的零件;加工零件改变时,一般只需要更改数控程序,可节省生产准备时间;机床本身的精度高、刚性大,可选择有利的加工用量,生产效率高(一般为普通机床的3~5倍);机床自动化程度高,可以减轻劳动强度;对操作人员的素质要求较高,对维修人员的技术要求更高等。

样机模型常用的是一些有一定强度和硬度,相对成型难度低,且表面效果较好的材料,如油泥、木材、塑料、金属等。

(1)油泥。用于制作模型的油泥也称为精雕油泥或模型油泥,主要由石蜡、石粉、凡士林、碳酸钙、色粉、水等组成。油泥最大的特性是加热可以软化,遇冷便可固化,并且可以反复加热、重复使用。油泥模型的优点是可塑性好,经过加热软化,便可自由塑造修改,加工效率高,不易干裂变形,可以回收和重复使用,特别适合做异面造型的产品模型。其缺点是强度低、刚度小、重量较大、不易涂饰表面。图5.3.2所示为汽车1∶1油泥模型的制作过程。它主要用来表达汽车造型的实际效果,供设计人员和决策者审定。

图 5.3.2　汽车 1∶1 油泥模型的制作过程

(2)木材。木材种类繁多,各种木材的性能也大不相同。木质模型的优点是强度高、刚度大、不易变形,重量轻、运输方便,表面易于涂饰并可进行深入的细节表现,价格适中。但是木材加工难度大,需要一定的经验,修改也比较困难。木质模型适宜家具和建筑结构分析及艺术欣赏使用,图5.3.3所示为木制建筑模型。国际通用的木质模型主要采用胶合板材料,这种模型经过涂饰处理可以模仿多种材质,但价格高、不易加工。

图 5.3.3　木制建筑模型

（3）塑料。塑料是制作模型的常用材料。塑料品种很多，主要品种有 50 多种，制作模型应用最多的是热塑性塑料，主要有聚氯乙烯（PVC）、聚苯乙烯、ABS 工程塑料、有机玻璃板材、泡沫塑料板材等。聚氯乙烯耐热性低，可用压塑成型、吹塑成型、压铸成型等成型方法。ABS 工程塑料的熔点低，用电烤箱、电炉等加热，很容易使其软化，可热压、连接成多种复杂的形体，图 5.3.4 所示为 ABS 塑料模型。

图 5.3.4　ABS 塑料模型

（4）金属。金属模型以钢铁材料应用最多，如各种规格的钢铁、管材、板材，有时也少量地用一些铝合金等其他金属材料。金属模型材料的制作，主要考虑力学性能和成本等方面的因素。力学性能主要从金属材料的强度、弹性、硬度、刚度以及抗冲击拉伸的能力等方面来考虑。金属模型加工工艺主要有切削、焊接、铸造、锻造等。图 5.3.5 所示为鸟巢的金属模型。

图 5.3.5　鸟巢的金属模型

产品样机模型完成后，设计师还需要与模具设计师沟通，共同完成模具的设计与制作，下面以塑料模型所用模具设计与制作进行说明。

（1）设计模具。通常模具设计由模具厂来完成，但需要向他们提供基本的模具规格书和要求，要规定模架的材料、型腔、型芯的材料，产品的模腔数量、模具的使用寿命，注塑机台的吨位，零件的材料和表面处理要求。要求高的企业还要规定分型面、水口的形式和位置、顶针的形式等。模具厂并不清楚产品的要求，如果不做规定，任由模具厂自己设计，那么很有可能在重要的外观表面设置水口或有镶块。另外，很多工程师为了图省事，对一些不重要的内部结构不做出模斜度，任由模具厂自己决定，这样有可能带来非常严重的后果。

（2）模具开始加工后，要向模具厂家索取排期表，即模具进度的计划表。什么时候开始订模坯，什么时候开粗，什么时候打电火花等，最关键是第一次试模的时间。这样就可以定期去检查模具加工进度，保证按计划进行。

（3）第一次试模后才是跟模的真正开始，拿到样品后要安排检讨会议，利用装配工程样机，把所有的问题总结出来，商讨解决方案。一般要产品工程师同模具厂的跟模人员共同完成。每一个问题都要分析是什么原因造成的，是设计不完善还是模具加工不到位，或是注塑工艺参数不准确。这就要求工程师有丰富的产品设计经验和模具经验。有些问题是综合几方面的原因造成的，是更改设计还是通过工艺解决，这也要用丰富的经验去判断。接下来就是要给出更改方案，对于结构上的更改都要做手板进行确定，并给出详细的改模图纸。

（4）试模一定要到现场。第一次试模可以不去，但从第二次试模开始每次试模时设计工程师要到现场了解试模的情况。一方面观察模具的状态，另一方面了解注塑工艺情况，这点是很重要的。只看样品是不知道模具状态的，一个合格的样品不能代表模具合格了。

（5）验收模具。产品合格了，但模具不一定能进入生产状态。即使模具也合格了，也要跑合一段时间才能顺利大批量生产。除了按模具规格书进行例行的检查外，还要检查滑块的硬度、冷却水道的压力、相关的配件等。

5.4 专利知识

专利是保护发明创造、创新成果的一种形式。专利可以保护发明创造者、设计人或专利权拥有者的合法权益，有利于鼓励创新，推动社会进步。了解必要的专利知识、掌握专利检索的方法，有利于产品设计开发活动的顺利开展。

5.4.1 专利的定义

专利是指法律保障创造发明者在一定时期内对其创造发明独自享有的权利，是将符合新颖性、创造性和实用性的具体技术方案通过一定的法律程序，以法律认可的形式给予保护的发明创造。专利的含义包括专利权、受到专利权保护的发明创造和专利文献。

1. 专利权

专利权是由国家知识产权专管机关依据专利法授予申请人的一种实施其发明创造的专有权，主要是指发明创造的所有权、专利的范围和如何利用。

2. 受到专利权保护的发明专利

根据我国专利法的相关规定，受到专利法保护的发明专利包括发明、实用新型和外观设计3种，如图5.4.1所示。发明是指对产品、方法或者改进所提出的新的技术方案；实用新型是指对产品形状、构造或者其结合所提出的适于实用的新的技术方案；外观设计是指对产品的形状、图案、色彩或者其结合以及色彩与形状、图案的结合所做出的富有美感并适于工业应用的新设计。

专利法所保护的发明创造有其特定含义。依据专利法的规定，发明专利可以分为

图 5.4.1　发明专利、实用新型专利和外观专利证书

产品发明专利和方法发明专利两大类。产品发明是指一切以物质形式出现的发明,如机器、仪表、工具及其零部件的发明,新材料、新物质的发明。方法发明是指一切以过程形式出现的发明,如产品的制造加工工艺、产品的材料测试、产品的化验方法、产品的使用方法。外观设计保护的是产品的外形特征,这种外形特征必须通过具体的产品来体现,并且这种产品可用工业的方法生产和复制。这种外形的特征可以是产品的立体造型,也可以是产品的表面图案,或者是两者的结合,但不能是一种脱离具体产品的图案或图形设计。

3. 专利文献

专利文献是指各国专利局出版发行的专利公报和专利说明书,以及有关部门出版的专利文献、记载发明详细内容和受法律保护的技术范围的法律文件等。专利文献包括专利申请说明书(专利项目、说明书、权利要求书、摘要)、专利说明书、专利证明书,申请及批准的有关文件,各种检索工具书(专利公报、专利分类表、分类表索引、专利年度索引等)。

5.4.2　专利的作用

首先,专利保护发明或设计人的合法权益和推动社会技术进步。发明、创造创新成果是发明者与发明单位经过长期艰苦努力,不断试验、改进,花费相当人力、物力、财力之后取得的成果。一旦应用到生产实践中去,就能转化为现实生产力,创造出物质财富。如果不有效地保护这些发明、创造、创新成果,则不仅会挫伤发明单位和个人的发明创造积极性,而且会影响相关个人、单位甚至国家的利益。

另外,通过公开的专利文献,可以使他人受到启发,从而有可能创造出更多新的发明和成果。因为专利权在失效以后就成为全社会的共同财富,人人都可以使用。这样,企业、个人可以及时了解新的技术信息,及早取得有用的发明创造成果。科研人员也可以通过检索专利,从而避免重复研发,这有利于技术成果的革新与创造,也有利于推动整个社会的技术进步。

5.4.3 专利的特点

1. 专有性

专有性也称为独占性,是指对同一内容的发明创造,国家只授予一项专利权。专利权所有者在专利权有效期间,拥有对该专利的垄断权,可按照自己的意愿制造、生产、使用、销售该专利产品或使用专利方法,其他任何人要制造、使用、销售专利产品或使用专利方法,必须取得专利权人同意并支付使用费,否则就是侵犯专利权,要负法律责任。

2. 地域性

地域性又称为空间限制性,是指一国所确认和保护的专利权,只能在该国国内有效。在没有条约规定的情况下,对其他国家不产生效力。例如,一项发明创造只在我国取得专利权,如果有人在别国制造、使用、销售该发明专利,则不属于侵权行为。因此,一件发明若要在别的国家和地区获得法律保护,就必须分别在这些国家或地区申请专利。

3. 时间性

时间性是指专利权有一定的期限。各国专利法对专利权的有效保护期眼都有自己的规定,按照我国专利法规定,发明专利的保护期限是自申请日起20年,实用新型专利和外观设计专利的保护期限是自申请日起10年。法律规定的期限届满后专利权自行终止,任何单位和个人可以无偿使用该项技术。

5.4.4 专利检索

专利信息的检索就是有关专利信息的查找。在专利市场中,专利信息一方面是指每年大约100万份公开的专利文献;另一方面主要是指在专利文献的基础上,经过加工的、有利于市场流通并对企业有帮助的信息。这包括在专利文献基础上的样品、样机信息,可供许可使用或转让的专利技术信息,专利产品信息,技术需求方的信息,企业供应与需求信息,中介机构及服务内容的信息等。专利检索并不是专利信息的简单查找,专利检索是根据一项或数项特征,从大量的专利文献或专利数据库中挑选出符合某一特定要求的文献或信息的过程。

在研发新产品前,进行充分的市场调研,查阅有关的科技期刊、杂志等资料,这是新产品研发人员通常要做的事情。检索专利文献对于科学地确立新产品科研课题至关重要。

首先,通过专利检索可以判断科研立项的必要性。现在全世界每年发明的新技术只有7%左右发表在技术刊物上,而其余的90%~95%的最新技术都记载在专利文献中。进行较为全面的专利检索,可以确定自己的新产品研发课题是否有必要立项。若已有相同的新技术申请了专利,自己还在立项,必然导致研发雷同,既浪费人力和财力,而且自己辛辛苦苦研制出的新产品还有侵犯他人专利权的风险,实在是得不偿失。

其次,通过专利检索,研发人员可以使自己在相关专利技术的基础上,跳出其专利保护的范围进行较深层次的研究,从而确立新产品研制的高起点,避免重复投入和重复研制,同时可以避免侵权情况的发生。

再次,通过专利检索,可以了解竞争对手的产品研发的主导方向,从而为决策、科研开发计划的制订和技术贸易及引资合资提供依据,为企业和社会的发展创造效益,避免不必要的损失。

在检索时,首先要以某一专利的信息特征(或称为专利文献特征)为检索依据,然后选择按照该专利信息特征编制的检索工具书进行。主要的检索依据包括专利分类号、专利权人、专利文献号、专利申请号、主题词、化学式、专利公布的日期等(图 5.4.2)。专利信息系统决定了人们的检索方式,包括手工检索和机器检索两种检索方式。

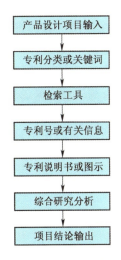

图 5.4.2　专利检索概图

1. 手工检索方式

手工检索方式是指人们不借助任何机器设备而靠手工号码检索的检索方法。手工检索通常需要借助有关工具书来进行。《中国专利索引》是检索专利文献的一种十分有效的工具书,分为《分类年度索引》和《申请人、专利权人年度索引》两种。《分类年度索引》是按照国际专利分类和国际外观设计分类的顺序进行编排的;《申请人、专利权人年度索引》是按申请人或专利权人姓名或译名的汉语拼音字母顺序进行编排的。两种索引都按发明专利、实用新型专利和外观设计专利分编为 3 个部分。1997 年后,该索引出版改为 3 种,在保持原来 2 种不变的基础上,增加了《申请号、专利号索引》,这是以申请号的数字顺序进行编排,并且改为每季度出版一次,从而缩短了出版周期,更加方便了读者对专利的查询。

在利用《中国专利索引》进行专利检索时,只要我们知道专利的分类号、申请人姓名、申请号或专利号,就可以此为线索,从索引中查出公开(公告)号,根据公开(公告)号就可以查到专利说明书,从而了解某项专利的全部技术内容和要求保护的权利范围。若要了解该专利的法律状态,可以通过索引查出它所刊登公报的卷期号。如果了解某一技术领域的现有技术状况,或者对某一专利的申请号、专利号等信息不知情的情况下了解某一领域的专利技术状况,则可以根据该项目所属的技术领域或关键词,查阅国际专利分类表,确定其分类号,从分类索引中的专利号、申请人所申请的专利名称,进一步查阅其专利摘要、专利说明书和权利要求。

2. 机器检索方式

机器检索方式是指借助某种机器(如缩微阅读器、电子计算机等)查找专利信息的方式,现在主要是指计算机检索方式。利用计算机对国内专利进行检索时,可以通过《中国专利数据库光盘》来进行。该光盘由专利文献出版社出版,记录了中国自 1985 年实施专利法以来的所有专利文献。而对于国外专利的检索可以通过美国分类及检索支持系统(Classification and Search Support System,CASSIS)或者通过一些专利网站检索,如 http://www.patents.ibm.com。

5.4.5　如何申请专利

申请人在确定自己的发明创造需要申请专利之后,必须以书面形式向国家知识产权局专利局提出申请。当面递交或挂号邮寄专利申请文件均可。申请发明或实用新型专利时,应提交发明或实用新型专利请求书、权利要求书、说明书、说明书附图(有些发明专利可以省略)、说明书摘要、摘要附图(有些发明专利可省略)各一式两份,上述各申请文件均必须打印成规范文本,文字和附图均应为黑色。申请外观设计专利时,应提交外观设计专利请求书、外观设计图或照片各一式两份,必要时可提交外观设计简要说明一式两份。国家知识产权局专利局正式受理专利申请之日为专利申请日。申请人可以自己直接到国家知识产权局专利局申请专利,也可以委托专利代理机构代办专利申请。

专利申请主要包括以下几个方面。

专利申请的受理:专利局受理处或各专利局代办处收到专利申请后,对符合受理条件的申请,将确定申请日,给予申请号,发出受理通知书。

申请费的缴纳方式:申请费以及其他费用都可以直接向专利局收费处或专利局代办处面交,或通过银行或邮局汇付。目前,银行采用电子划拨,邮局采用电子汇兑方式。缴费人通过邮局或银行缴付专利费用时,应当在汇单上写明正确的申请号或者专利号,缴纳费用的名称使用简称。汇款人应当要求银行或邮局工作人员在汇款附言栏中录入上述缴费信息,通过邮局汇款的,还应当要求邮局工作人员录入完整通讯地址,包括邮政编码,这些信息在以后的程序中是有重要作用的。费用不得寄到专利局受理处。

申请费缴纳的时间:面交专利申请文件的,可以在取得受理通知书及缴纳申请费通知书以后缴纳申请费。通过邮寄方式提交申请的,应当在收到受理通知书及缴纳申请费通知书以后再缴纳申请费,因为缴纳申请费需要写明相应的申请号,但是缴纳申请费的日期最迟不得超过自申请日起 2 个月。

专利审批程序:依据专利法,发明专利申请的审批程序包括受理、初审、公布、实审以及授权 5 个阶段。实用新型或者外观设计专利申请在审批中不进行公布和实质审查,只有受理、初审和授权 3 个阶段。

对专利申请文件的主动修改和补正:对专利申请文件的主动修改和补正也是申请人可以视需要选择的一项手续。实用新型和外观设计专利申请,只允许在申请日起 2 个月内提出主动修改;发明专利申请只允许在提出实审请求时和收到专利局发出的发明专利申请进入实质审查阶段通知书之日起 3 个月内对专利申请文件进行主动修改。

答复专利局的各种通知书如下。

(1) 遵守答复期限,逾期答复和不答复后果是一样的。针对审查意见通知书指出的问题,分类逐条答复。答复可以表示同意审查员的意见,按照审查意见办理补正或者对申请进行修改;不同意审查员意见的,应陈述意见及理由。

(2) 属于格式或者手续方面的缺陷,一般可以通过补正消除缺陷;明显实质性缺陷一般难以通过补正或者修改消除,在多数情况下只能就是否存在或属于明显实质性缺陷进行申辩和陈述意见。

(3) 对发明或者实用新型专利申请的补正或者修改均不得超出原说明书和权利要求书记载的范围,对外观设计专利申请的修改不得超出原图片或者照片表示的范围。修改文件应当按照规定格式提交替换页。

(4) 答复应当按照规定的格式提交文件。例如,提交补正书或意见陈述书,一般补正形式问题或手续方面的问题使用补正书,修改申请的实质内容使用意见陈述书,申请人不同意审查员意见,进行申辩时使用意见陈述书。

专利申请被视为撤回及其恢复逾期未办理规定手续的,申请将被视为撤回,专利局将发出视为撤回通知书。申请人如有正当理由,可以在收到视为撤回通知书之日起 2 个月内,向专利局请求恢复权利,并说明理由。请求恢复权利的,应当提交《恢复权利请求书》,说明耽误期限的正当理由,缴纳恢复费,同时补办未完成的各种应当办理的手续。补办手续及补缴费用一般应当在上述 2 个月内完成。

办理专利权登记手续:实用新型和外观设计专利申请经初步审查,发明专利申请经实质审查,未发现驳回理由的,专利局将发出授权通知书和办理登记手续通知书。申请人接到授权通知书和办理登记手续通知书以后,应当按照通知的要求在 2 个月之内办理登记手续并缴纳规定的费用。在期限内办理了登记手续并缴纳了规定费用的,专利局将授予专利权,颁发专利证书,在专利登记簿上记录,并在专利公报上公告,专利权自公告之日起生效。未在规定的期限内按规定办理登记手续的,视为放弃取得专利权的权利。

办理登记手续应缴纳的费用:办理登记手续时,不必再提交任何文件,申请人只需按规定缴纳专利登记费(包括公告印刷费用)和授权当年的年费、印花税,发明专利申请授权时,间距申请日超过 2 年的,还应当缴纳申请维持费。授权当年按照办理登记手续通知书中指明的年度缴纳相应费用。

专利权的维持:专利申请被授予专利权后,专利权人应于每一年度期满前一个月预缴下一年度的年费。期满未缴纳或未缴足,专利局将发出缴费通知书,通知专利权人自应当缴纳年费期满之日起 6 个月内补缴,同时缴纳滞纳金。滞纳金的金额按照每超过规定的缴费时间一个月,加收当年全额年费的 5% 计算;期满未缴纳的或者缴纳数额不足的,专利权自应缴纳年费期满之日起终止。

专利权的终止:专利权的终止根据其终止的原因可分为以下几种。

(1) 期限届满终止。发明专利权自申请日起算维持 20 年,实用新型或外观设计专利权自申请日起算维持满 10 年,依法终止。

(2) 未缴费终止。专利局发出缴费通知书,通知申请人缴纳年费及滞纳金后,申请人仍未缴纳或缴足年费及滞纳金的,专利权自上一年度期满之日起终止。

专利权的无效:专利申请自授权之日起,任何单位或个人认为该专利权的授予不符合专利法有关规定的,可以请求宣告该专利权无效。请求宣告专利权无效或者部分无效的,应当按规定缴纳费用,提交无效宣告请求书一式两份,写明请求宣告无效的专利名称、专利号并写明依据的事实和理由,附上必要的证据。对专利的无效请求所作出的决定任何一方如有不服的,则可以在收到通知之日起 3 个月内向人民法院起诉。专利局在决定发生法律效力以后予以登记和公告。宣告无效的专利权视为自始即不存在。

5.4.6 专利规避

专利规避问题是当今企业研发部门面临的重要的课题之一。专利规避是指企业在产品研发活动中,为避免因开发中的产品侵害他人专利,使企业遭遇侵权诉讼的不利情况的发生,而通过对专利文献中已有专利技术信息的检索的方式,并将检索到的文字信息、数据信息、图片信息与企业已有产品开发的定位相比较,从而利用公知专利技术或避开已有专利的权利诉求,在产品设计中创造出该专利技术的改良发明或外围发明,赢得新产品开发中的市场空缺,并最终独享专利成果的一种活动。

为了真正实现产品开发活动中的专利规避,产品研发团队在产品商品化过程中,应制定完整的项目技术研究计划,使研发人员真正了解已有《专利文献的说明书》《权利请求书》、外观图片等内涵,并向企业管理层提交公正客观的专利规避分析报告,以排除侵权的可能性。通常该分析报告应委托专业人士或机构提供。

合理利用专利规避进行设计可以考虑从以下两个方面入手。

（1）综合利用。许多产品所设计的专利技术不止一项,只有同时对几种不同的专利资料加以利用,才有可能解决问题,从而实现创新设计的目的。

（2）从专利中寻找规律。众多的专利信息必然会显示许多的成功因素,也会暴露出失败的因素。通过专利研究,可以发现相关技术发展的脉络,从而找到有效的创新方法。为达到此目的,不仅要在功能设计上下工夫,而且要充分考虑产品的使用状态。

第6章 创新训练案例

6.1 造型创新设计训练

课题训练——形态转译综合练习

1. 训练目的

人类从自然形态中学会了很多东西。自然形态就像造型老师,从观察和分析自然形态着手,可以更快捷地了解和掌握形态的规律,提炼和加工自然形态,更有效地挖掘自然形态的本质。将形态进行抽象、提取、加工从而转移成产品,可以使造型能力达到一个新的境界。

2. 训练内容

(1) 所观察的形态是自然形态(动物、植物)。
(2) 用图文结合的方法来描述和分析自然形态。
(3) 被提炼加工出来的产品形态应该不失自然形态的特征和神韵。
(4) 提炼出的元素合理地应用于产品形态、功能或结构上。

3. 课题要求

(1) 生物对象选择合理、观察细致、分析充分、提炼准确。
(2) 所提炼的形态特征明确,具有较好的视觉美感及形态造型。
(3) 产品具有一定的创新性。
(4) 草图、效果图制作精美,能够充分体现出较好的设计表达能力。

4. 评分标准

得分	评分细则
100~90	整体设计流程完整,自然形态选取恰当,分析有理有据,提炼加工出来的产品形态应该不失自然形态的特征和神韵,整体设计具有较高的创新性,效果图表现好
90~80	设计流程完整,能够根据自然形态的特征进行提炼加工,并形成产品。设计具有一定创新性,效果图表现较好
80~70	整体设计具有一定的创新性,设计流程基本完整,效果图表现一般
70~60	整体设计创新性较低,对自然形态的分析不足,能够基本完成产品的形态创新
不及格	不能够按照作业要求完成课题

5. 学生作业

仿生袋鼠吸尘器
(设计者:曹璨;指导老师:孙辛欣)

(1) 形态研究。通过桌面调研,收集大量与袋鼠相关的图片及文字资料,研究袋鼠的形态特征、生物特征、生活习性等(图6.1.1)。

图 6.1.1 袋鼠

通过对目前市场上的相关产品展开调研,发现下面运用袋鼠形态、结构等展开仿生的优秀产品。如图 6.1.2 所示,1984 年美国医生从袋鼠的育儿方法得到启示,发明了一种养育早产婴儿的新方法。这位医生挂一个人工制造的育儿袋,婴儿放在育儿袋里既温暖又能及时吃到妈妈的奶。婴儿贴着妈妈的身体,听着妈妈的心跳,生命力可以大大提高。图 6.1.3 所示为由 David Raffoul 设计的挂钟,这样的挂钟是要把时间里发生的秘密都装进这个口袋里。该挂钟的设计灵感来自袋鼠,木质的纹理,凹面的时钟表面,整个造型简洁有趣。对于袋鼠的仿生还应用于机器人身上,如图 6.1.4 所示,源于它本身的结构特征。

图 6.1.2 育儿袋　　　　　　　　图 6.1.3 挂钟

图 6.1.4 机器人

(2) 形态提取。通过草图的形式进行形态探索,从具象形态中提取抽象形态,如

图 6.1.5 所示。

图 6.1.5　袋鼠形态提取

(3) 产品草图。在产品草图的探索过程中,确定运用袋鼠子母袋的形式,通过造型提炼,确定了要将袋鼠的这一特点运用到吸尘器中的想法,如图 6.1.6 所示。该设计方案满足二合一的功能需求,可拆卸,适应多种使用环境。

图 6.1.6　产品草图

(4) 产品情绪版(图 6.1.7)。

图 6.1.7　产品情绪版

（5）产品形象及 CMF 设计（图 6.1.8）。

图 6.1.8　产品形象及 CMF 设计

（6）最终产品展示（图 6.1.9）。

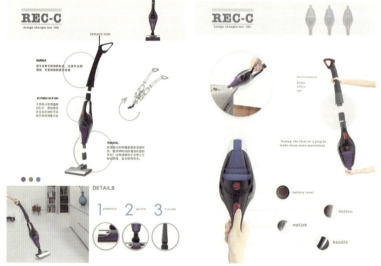

图 6.1.9　最终产品展示

莲花仿生加湿器设计
（设计者：高明菁　指导老师：孙辛欣）

（1）生物形态调研。通过实拍、网络调研等，提炼莲花的形态特征，如图6.1.10所示。

形态特征
Morphological characteristics

- 莲房整个大形态
- 莲子的点状形态
- 未成熟时有没掉落的花芯
- 外轮廓形态
- 细长的杆茎
- 花瓣包裹或正处于掉落状态

图6.1.10　莲花形态特征

（2）产品定位（图6.1.11）。

Why ———————（为什么要进行这款产品的设计）
　　　　　　　目的是通过莲蓬的创意仿生设计给人们的生活增加乐趣

What ———————（产品需求定位是了解需求的过程，即满足消费者的什么需要）
　　　　　　　以创意满足消费者对品质生活需求的小家电产品，结合莲蓬的形态和在水中的生活环境想到要做一个可调节式的加湿器。

Where ———————（产品使用环境地点）
　　　　　　　家庭、办公室等室内使用环境

When ———————（产品使用时间，即什么时候使用产品）
　　　　　　　干燥的冬季或干燥的环境下增加空气湿度

Who ———————（产品适应人群）
　　　　　　　追求生活质量的人群

How ———————（产品使用特点，即怎么使用）
　　　　　　　通过调节旋钮控制喷雾口大小从而起到控制喷雾的大小
　　　　　　　充电式加湿器，可通过USB通电

图6.1.11　产品定位

（3）形态研究(图6.1.12)。

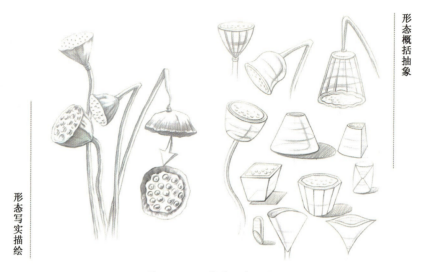

图 6.1.12　莲花形态研究

（4）产品草图(图6.1.13)。

图 6.1.13　产品草图

（5）产品情绪版(图6.1.14)。

图 6.1.14　产品情绪版

（6）产品方案(图6.1.15~图6.1.17)。

配色方案
(Color schem)

中国红　　　暗雅黑　　　香槟金　　　香槟银
(China red)　(Dark black)　(Champagne gold)　(Champagne silver)

图 6.1.15　产品配色方案

产品功能
(Product function)

进水口
(water inlet)

USB线路接口
(USB line interface)

指示灯
(indicator light)

喷头
(spray nozzle)

最大
(max)
开
(open)
关
(close)

图 6.1.16　产品功能

使用方法
(Used ways)

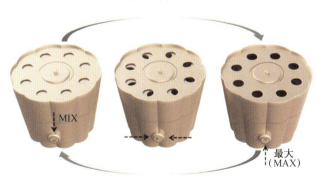

MIX

最大
(MAX)

图 6.1.17　产品使用方式

鲸鱼仿生系列餐具设计
（设计者：张钰帆　指导老师：孙辛欣）

（1）前期调研。鲸鱼的尾部呈现叉开状，鲸在水里靠尾巴的左右摆动，对身体周围的水施以压力，得到水的反作用力，使自身向前行进。鲸鱼的头部呈现圆润光滑的球状，鲸鱼隔 10~15min 露出水面呼吸一次，也就是我们看到的喷水现象。图 6.1.18 所示为鲸鱼形态。

图 6.1.18　鲸鱼形态

（2）形态探索（图 6.1.19）。

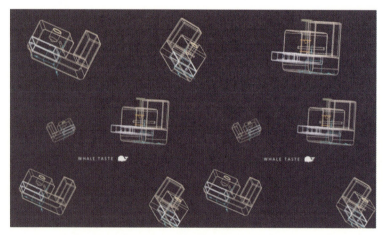

图 6.1.19　鲸鱼形态研究

（3）产品方案。通过对鲸鱼造型的仿生，设计了一套桌面餐具收纳盒，包含刀叉筷勺、牙签、调味品等，如图 6.1.20 所示。

图 6.1.20 桌面餐具收纳盒方案

6.2 功能创新设计训练

设计就是要解决问题,所以功能是所有设计的第一要素。任何设计,如包装、广告、产品、环境等,如果不具备一定的功能,就失去了存在的意义。通常利用功能创新进行设计。功能创新主要有以下两种途径。

(1) 组合功能,即把两种或两种以上的功能巧妙、合理地组合在一起。现代设计中非常有代表性的功能组合设计是手机的设计,如计算器功能、播放音乐或电视电影功能等。

(2) 功能延伸,即对某一产品的原功能进行适当的延伸,以扩充产品的用途。其主要目的是为人们创造一种全新的生活方式。

冰箱内部空间功能创新设计——为老年人而设计

1. 项目概述

该项目以空调内部空间设计为目标,以老年用户群为目标人群,通过设计调研及研究,发现目前冰箱内部空间设计的不足及功能缺陷,通过功能创新,满足老年用户的使用需求。

通过设计调研,发现以下问题(图 6.2.1)。

(1) 冷藏室空间局促。

(2) 大大小小的瓶罐摆放不一。

(3) 冷冻室多用统一的保鲜袋装袋。

(4) 存放较多促销食品。

图 6.2.1　冰箱使用情况调研

2. 冰箱内部空间功能创新设计方案

通过设计调研,以老年人为目标群体,针对三开门冰箱展开内部空间创新设计。根据老年人的购物行为、生活行为及生理特征等,对冰箱内部空间设计了放鸡蛋的网兜、购物篮式储物盒、旋转式储物罐等功能(图 6.2.2)。

冷藏室Refrigerator

①罐菜篮/抽屉两用盒
②旋转储物
③可拆卸鸡蛋网兜
④密封盒
⑤滑动挂钩

图 6.2.2　冰箱内部空间功能创新设计方案

(1) 抽屉/菜篮两用盒设计(图 6.2.3)。

图 6.2.3　抽屉/菜篮两用盒设计

（2）旋转式储物罐设计（图6.2.4）。

图6.2.4　旋转储物罐设计

旋转储物罐的设计，可以帮助老年人方便存放家中的酱菜、糖果、药品等物品，通过旋转的使用方式，可以快速找到所需要的物品（图6.2.5）。

图6.2.5　旋转储物罐使用方式

（3）鸡蛋网兜设计（图6.2.6）。
（4）冷冻室设计（图6.2.7）。

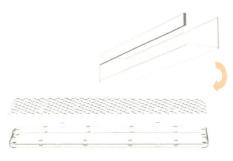

图 6.2.6　鸡蛋网兜设计

冷冻室
①常用小抽屉
②内侧照明灯

常用小抽屉

根据使用习惯划分出常用抽屉
· 顶层抽屉高度便于拿取
· 与长期冷藏食物分开，便于分类

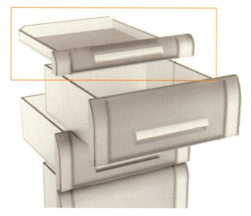

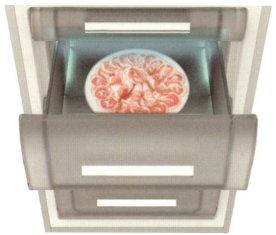

内侧照明灯

便于视力较弱的老年人找到冷冻抽屉内部物品

图6.2.7　冷冻室设计

6.3　产品 CMF 创新设计训练

　　CMF（color，material & finishing），是有关产品设计的颜色、材质与工艺基础认知。CMF 牵涉到的问题并不是专业针对性强、运用范围特殊的，而是遍及我们生活中的方方面面（图6.3.1）。

图6.3.1　产品 CMF 设计案例

CMF 翻译为表面处理工艺。CMF 设计是作用于设计对象的,它是联系、互动于这个对象与使用者之间的深层感性部分。它多是应用于产品设计中对色彩、材料、加工等设计对象的细节处理,如关门的声音取决于门的材料,把手传热能力取决于表面加工,或者汽车方向盘较紧凑的结构及较软的表面处理能给驾驶者充分的安全感。我国设计行业处于进步和发展阶段,关注的重点多是放在艺术表现力和基础功能性这两块较显眼的部分。

3D 打印轮椅系统设计

直到现在,设计师在对待轮椅设计的问题上还是在用一种尺寸去满足所有人的使用。这款名为 GO 的轮椅设计就是希望借由最新的 3D 打印技术解决这一问题。如同一双量身定制的鞋子,GO 可以依据每个人不同的生理状况以及功能需求进行个人定制。依据不同使用者的身体形态、重量以及残疾状况,让使用者参与设计定制;通过对椅座和脚踏板的独立尺寸定制,最大程度地提升使用者的舒适性、灵活性并实现更好的支撑(图 6.3.2)。

图 6.3.2　GO 轮椅使用状态

GO 的设计来自英国设计公司 Layer Design,其创始人为 Benjamin Hubert。GO 是 Layer 的第一个研究型项目,历经 2 年时间,走访观察几十位轮椅使用者,以及专业的医疗从业人员,尽可能地找到现在轮椅的使用缺陷,并设计出真正人性化的轮椅。与之合作的 3D 打印服务商则是来自欧洲著名的品牌 Materialise(图 6.3.3~图 6.3.6)。

图 6.3.3　走访用户

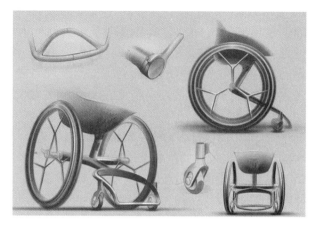

图 6.3.4 设计研究

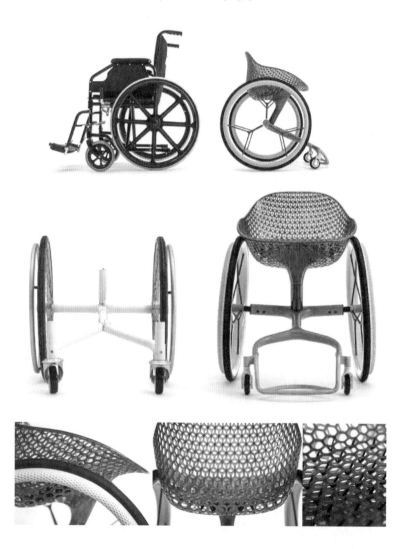

图 6.3.5　GO 轮椅细节展示

图 6.3.6　GO 轮椅拆装示意

为了避免自己推进轮椅时造成肌肉拉伤和手部的磨损，GO 的设计里还配备了预防拉伤磨损的手套，同时起到预防减少关节炎的风险，而且在抓握上更加有力（图 6.3.7 和图 6.3.8）。

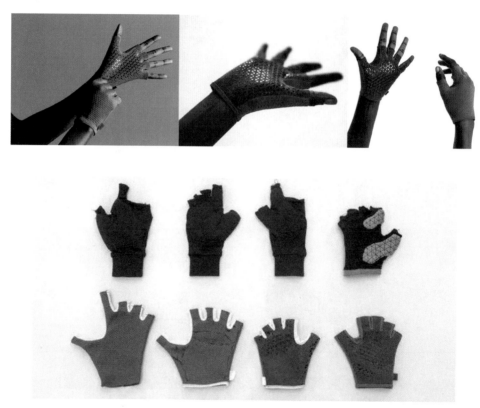

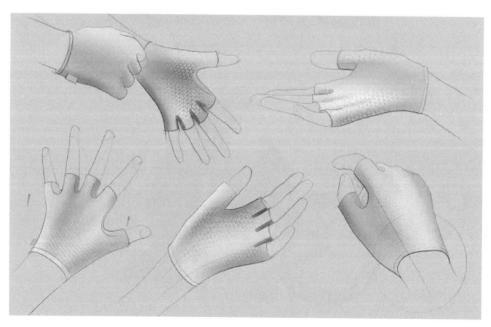

图 6.3.7　预防拉伤磨损的手套

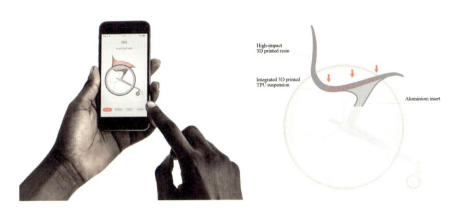

图 6.3.8　用户可以在手机上了解轮椅细节

6.4　综合创新设计训练

51 安居网(www.51aj.cn)定位于全国安全产品搜索平台,以"服务社会、成就自我"为主旨,致力于成为"中国家庭安全消费"第一品牌,中国人首选的家庭安全咨询机构;致力于为中国人提供全方位、高安全、个性化的安全产品网络购物平台。该平台以"购物网+咨询+资讯"三合一的模式,通过线上、线下关于全国安全信息的服务及互动,并为广大潜在的消费者提供客观、准确的安全产品消费信息指南,以为消费者创造更便捷服务为宗旨,做到信息全面、产品齐全、安全可靠、优质服务的元素相融合,引领全国家庭安全消费及零隐患生活的新潮流。

下面讲述 51 安居应急包的设计过程。

51 安居应急包设计

1. 设计调研

(1) 背景。应急包是在预防地震、海啸、泥石流、台风等自然灾害发生时以及灾害发生后,提供用于维持生命的应急食品、救生水、急救用品及简单的生活和自救互救必须品的应急包。在欧美、日本等国家和地区,应急包已成为日常生活必需品。这些国家的应急包市场发展已经到了一个相对成熟的阶段,高品质的应急产品已进驻到各大超市售卖。我国的应急包在 2000 年以后才逐渐出现在广大民众的视野,汶川地震后应急包的重要性才逐渐被重视。本次项目主要围绕车载应急包展开。

(2) 应用场景。

① 抢险:掉进水里(破窗锤、撬棍);冲出路面(警示牌);发生撞车(破窗锤、撬棍、警示牌);汽车起火(灭火器)(图 6.4.1)。

② 应急场景:燃油耗尽、抛锚或陷落(拖车、警示牌、折叠铲);驾驶员轻微受伤(医疗包);电瓶馈电熄火(搭火线、绝缘手套);雨天或夜间行车时突遇换胎(荧光背心或雨衣);被困(食品包、水);前挡风玻璃产生雾气(防雾毛巾擦拭)。

(3) 现有产品调研。现有同类产品有壳牌、安耐驰、宏宝等。目前,现有产品在设计上的主要问题有以下几种(图 6.4.2)。

图 6.4.1 应用场景调研

① 物品没有定置化摆放。
② 部分物品位置没有考虑使用的合理性。
③ 产品形象不统一,缺乏质感与特色。

图 6.4.2 现有产品调研

(4) 产品应用场景调研(图 6.4.3)。

2. 设计方向

根据设计调研,进行创新思维发散,产生了三大设计方向。

(1) 初步设计方案(图6.4.4)。

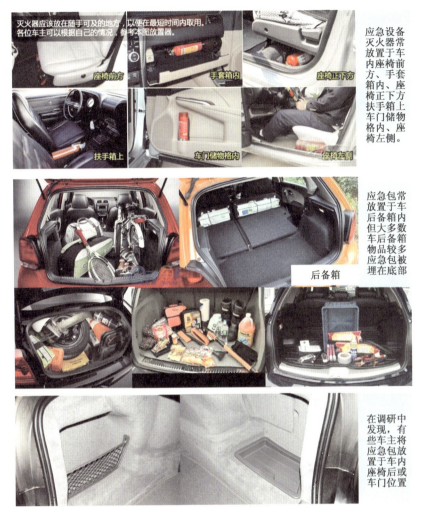

图6.4.3 产品应用场景调研

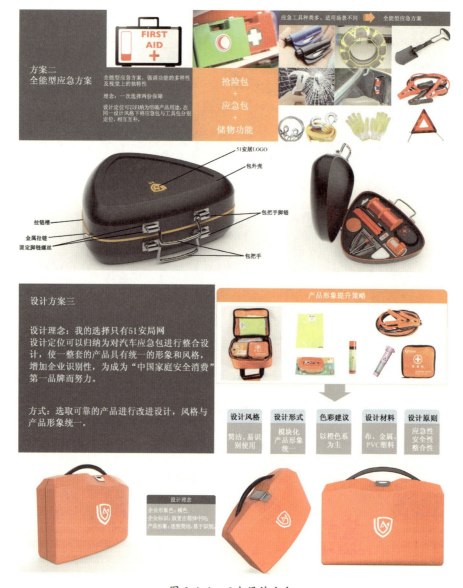

图 6.4.4　三大设计方向

(2) 设计方案优化(图 6.4.5)。

第 6 章 创新训练案例 133

上层：
常用物品放置区域

下层：
非常用物品放置区域

设计方案二

设计理念：
本款设计方案在设计方案一的基础上打破传统应急包，对其内部结构空间进行了探索，打破传统应急包的开启方式，内部结构更加灵动。

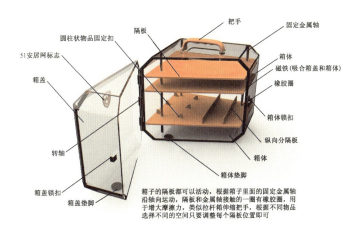

箱子的隔板都可以活动，根据箱子里面的固定金属轴沿轴向运动，隔板和金属轴接触的一圈有橡胶圈，用于增大摩擦力，类似拉杆箱伸缩把手，根据不同物品选择不同的空间只要调整每个隔板位置即可

设计方案三

设计理念：
本款设计方案造型圆润一体化，品牌特征。
外壳带有产品标示，彰显产品品牌特征。
内部设计多个卡槽，非常方便收纳物品。

图 6.4.5　设计方案优化

参 考 文 献

[1] 吴佩云,傅晓云. 产品设计程序[M]. 北京:高等教育出版社,2009.
[2] 杨向东. 工业设计程序与方法[M]. 北京:高等教育出版社,2008.
[3] 侯可新,曾莉,刘江,等. 产品设计程序与方法[M]. 合肥:合肥工业大学出版社,2014.
[4] 张琲. 产品创新设计与思维[M]. 北京:中国建筑工业出版社,2005.
[5] 高志,黄纯颖. 机械创新设计[M]. 2版.北京:高等教育出版社,2010.
[6] 简召全. 工业设计方法学[M]. 北京:北京理工大学出版社,2000.
[7] 鲁百年. 创新设计思维:设计思维方法论以及实践手册[M]. 北京:清华大学出版社,2015.
[8] Dieter George E, Schmidt Linda C. 产品工程设计[M]. 4版.朱世范,史冬岩,王君,等译. 北京:电子工业出版社,2012.
[9] Jonathan Cagan,Vogel Craig M. 创造突破性产品:从产品策略到项目定案的创新[M]. 辛向阳,潘龙,译. 北京:机械工业出版社,2004.
[10] 何文波,魏风军. 组合法在产品创新设计上的应用[J]. 包装工程,2009(5):100-101,110.
[11] 蒋雯. 产品创新设计理论与方法综述[J]. 包装工程,2010,31(2):130-134.
[12] 孙宁娜,董佳丽. 仿生设计[M]. 长沙:湖南大学出版社,2010.
[13] 罗仕鉴,朱上上. 用户体验与产品创新设计[M]. 北京:机械工业出版社,2010.
[14] 苏珂. 产品创新设计方法[M]. 北京:中国轻工业出版社,2014.
[15] 尼尔·伦纳德,加文·安布罗斯. 创新设计思维[M]. 王玥然,译.北京:中国青年出版社,2014.
[16] 蒂姆·布朗. IDEO,设计改变一切[M]. 侯婷,何瑞青,译.沈阳:万卷出版公司,2011.
[17] Thomas Lockwood. 设计思维:整合创新、用户体验与品牌价值[M]. 李翠荣,李永春,等译.北京:电子工业出版社,2012.
[18] Enrico L F,Donato C. 产品造型设计的源点与突破[M]. 温为材,陈振益,苏柏霖,译.北京:电子工业出版社,2015.
[19] 戴端,吴卫. 产品形态设计语义与传达[M]. 北京:高等教育出版社,2010.
[20] 吴翔. 产品系统设计:产品设计[M]. 2版.北京:中国轻工业出版社,2008.
[21] 王虹,沈杰,张展. 产品设计[M]. 2版.上海:上海人民美术出版社,2006.
[22] 王昀,刘征,卫巍. 产品系统设计[M]. 北京:中国建筑工业出版社,2014.
[23] 杨向东. 产品系统设计[M]. 北京:高等教育出版社,2008.
[24] 崔勇. 艺术设计创意思维[M]. 北京:清华大学出版社,2013.
[25] Otto Kevm N,Wood Kristin L. 产品设计[M]. 齐春萍,等译. 北京:电子工业出版社,2006.
[26] Jonathan Cagan,Vogel Craig M. 创造突破性产品[M]. 辛向阳,潘龙,译. 北京:机械工业出版社,2004.
[27] 高志,黄纯颖. 机械创新设计[M]. 北京:高等教育出版社,2010.
[28] 杨家军. 机械创新设计技术[M]. 北京:科学出版社,2008.
[29] 符炜. 机械创新设计构思方法[M]. 长沙:湖南科学技术出版社,2006.
[30] 蔡江宇. 仿生设计研究[M]. 北京:中国建筑工业出版社,2013.
[31] 唐林涛. 工业设计方法[M]. 北京:中国建筑工业出版社,2006.
[32] 高楠. 工业设计创新的方法与案例[M]. 北京:化学工业出版社教材出版中心,2006.
[33] 薛澄岐. 工业设计基础[M]. 南京:东南大学出版社,2004.